空天地大数据与水利应用丛书

牧业旱灾损失评估方法与实践

雷添杰　吕娟　黄喜峰　孙洪泉　王嘉宝　著

中国水利水电出版社
www.waterpub.com.cn
·北京·

内 容 提 要

干旱对牧草生产力的可持续发展造成严重威胁，对全球牧业生产造成了严重影响，因此迫切需要评估全球变化背景下干旱对牧业影响的严重后果，为科学抗旱、防灾减灾、草地碳循环管理和牧业可持续发展及气候变化谈判提供科学依据和指导方法。本书以旱灾频发的内蒙古牧区为研究区，以牧草水分控制实验和生态过程模型为依托，构建基于牧草生长过程的牧业旱灾损失评估动态模型，开展放牧条件下牧业旱灾损失动态评估方法的研究，对理解干旱对牧业的影响过程、制定合理的抗旱减灾策略和放牧方案、促进区域牧业和生态可持续发展具有重要意义。

本书适合相关专业师生使用，也可作为相关领域的辅助读物。

图书在版编目（CIP）数据

牧业旱灾损失评估方法与实践 / 雷添杰等著. -- 北京 : 中国水利水电出版社，2020.10
（空天地大数据与水利应用丛书）
ISBN 978-7-5170-9094-6

Ⅰ. ①牧… Ⅱ. ①雷… Ⅲ. ①畜牧业－旱灾－损失－评估－研究－内蒙古 Ⅳ. ①S423

中国版本图书馆CIP数据核字(2020)第213315号

书　　名	空天地大数据与水利应用丛书 **牧业旱灾损失评估方法与实践** MUYE HANZAI SUNSHI PINGGU FANGFA YU SHIJIAN
作　　者	雷添杰　吕　娟　黄喜峰　孙洪泉　王嘉宝　著
出版发行	中国水利水电出版社 （北京市海淀区玉渊潭南路1号D座　100038） 网址：www.waterpub.com.cn E-mail：sales@mwr.gov.cn 电话：(010) 68367658（营销中心）
经　　售	北京科水图书销售中心（零售） 电话：(010) 88383994、63202643、68545874 全国各地新华书店和相关出版物销售网点
排　　版	中国水利水电出版社微机排版中心
印　　刷	天津嘉恒印务有限公司
规　　格	184mm×260mm　16开本　7.75印张　189千字
版　　次	2020年10月第1版　2020年10月第1次印刷
定　　价	**58.00**元

“空天地大数据与水利应用丛书”编委会

《牧业旱灾损失评估方法与实践》

参 写 人 员

雷添杰 吕 娟 黄喜峰 孙洪泉 王嘉宝

陆晓萍 陈吉虎 苏志诚 田济扬 李小涵

前　言

全球变化与陆地生态系统碳循环是当前全球变化研究的重要内容。近年来，随着全球气候变化的加剧，干旱的发生频率和影响面积在不断增加。IPCC（Intergovernmental Panel on Climate Change，联合国政府间气候变化专门委员会）在其系列评估报告中指出，未来干旱风险有不断增强的趋势，尤其在干旱和半干旱区域。

内蒙古草原位于中国东北样带环境敏感区，干旱强度大，且较为频繁，对内蒙古牧业产生了严重的影响，是研究干旱影响的理想场所。干旱对草地生态系统组成、结构和功能造成戏剧性的改变，远比全球变化平均梯度格局对生态系统产生的威胁更为严重，影响更加深远，对牧草生产力可持续发展构成了严重威胁。未来干旱的特点是等级更强、持续时间更长和频率更高，超出了生态系统可能承受的压力阈值并对生态系统碳循环产生更强烈的影响。因此，急切需要评估全球变化背景下干旱对牧业影响的严重后果，为科学抗旱、防灾减灾、草地碳循环管理和牧业可持续发展及气候变化谈判提供科学依据和指导方法。

干旱灾害已成为最严重的自然灾害之一，对全球牧业生产造成了严重的影响。如何量化牧业旱灾损失是学术界和行业部门的一个难点问题。开展放牧条件下牧业旱灾损失动态评估方法的研究，对理解干旱对牧业的影响过程、制定合理的抗旱减灾策略和放牧方案、促进区域牧业和生态可持续发展具有重要意义。本书拟选择旱灾频发的内蒙古牧区为研究区，以牧草水分控制实验和生态过程模型为依托，构建基于牧草生长过程的牧业旱灾损失评估动态模型。

1．构建了牧业旱灾损失量化的理论方法

基于自然灾害风险管理和水分胁迫传递、牧业生产理论，以牧草水分控制实验和生态过程模型水分模拟实验为依托，构建基于牧草生长过程的牧业旱灾损失评估动态模型。在阐明综合致灾因子危险性和承灾体脆弱性的牧业旱灾形成过程与机制的基础上，耦合不同放牧强度、干旱状态下植被参数、牧草产量-载畜量转换理论方法以及“等价代换”原理和微积分思想的构建牧业旱灾综合损失定量评估方法，刻画了不同放牧强度下干旱—牧业损失响应关系，揭示放牧条件下干旱的真实损失演进过程，并提出了牧业损失评估动态模型精度评价方法，为探讨不同干旱情景下减轻牧业旱灾损失的放牧强度方案、抗旱实时决策和减轻旱灾风险能力、变化环境下合理利用水资源、保障区域牧业安全与生态可持续发展提供科学依据。

2. 阐明了牧业干旱成灾过程与机制

从系统理论角度出发，围绕植物水分代谢、碳循环及死亡机理展开，讨论了牧业干旱成灾过程与影响机理、影响因素，提出了以碳饥饿和水分胁迫理论为基础解释干旱影响与成灾过程。基于牧区草地水循环与生态修复实验基地2007—2009年不同灌溉控制实验资料发现，重度放牧区植被高度、盖度和产量均低于同等条件下围封草地的高度、盖度和产量，尤其是在2006年、2007年、2009年等干旱年份高度、盖度和产量下降幅度较大。这说明在干旱和放牧的共同作用下，植被受到的影响比单一干旱或放牧条件下的影响更加严重。因此，干旱与放牧干扰对草地生态系统的扰动作用显著。

干旱对草地生态系统的作用力是由干旱的严重性决定的。基于模型模拟试验获取大量实验样本，构建了干旱对不同草地牧草生产力造成影响的定量评估模型。牧草NPP变化与干旱强度和持续时间存在复杂的响应关系，反映了草地NPP对干旱的响应与草地类型关系密切。不同等级的干旱造成的牧草损失随着干旱强度的增强（中等至极端干旱）呈现逐渐增大的趋势，且有明显的指数增长关系。由于“牧草-载畜量-羊单位-牧业产值”之间密切的压力传递关系，牧业经济损失也随着干旱强度的增强（中等至极端干旱）呈现逐渐增大的趋势，且有明显的指数增长关系。

3. 厘定了典型干旱事件牧业旱灾经济损失

从不同时空尺度分析了不同等级干旱的基本特征，采用构建牧业旱灾损失评估动态模型定量了中等干旱、严重干旱和极端干旱3种典型干旱事件对牧草产量、羊单位和牧业产值造成的影响。干旱是造成牧草生产力变异的主要影响因子，有效地识别了牧草产量、羊单位和牧业旱灾经济损失的空间差异。牧业经济损失大小由不同等级干旱的严重性决定。根据700元/羊单位（1980年不变价格）计算和评估方法估算，1974年牧业干旱经济损失为0.67亿元，比内蒙古水旱灾害统计的0.72亿元低0.5亿元，相对误差6.94％；1986年牧业干旱经济损失为1.351亿元，比内蒙古水旱灾害统计的1.484亿元低0.133亿元，相对误差8.96％；1965年牧业干旱经济损失为5.9亿元，比内蒙古水旱灾害统计的5.66亿元略高，相对误差4.24％。牧业旱灾损失评估平均精度为93.29％。

本书获得“十三五”国家重点研发计划项目（2017YFC1502404）、国家自然科学基金（41601569）和“十三五”国家重点研发计划项目（2017YFB0504105、2017YFB0503005）资助，并入选“遥感青年科技人才创新资助计划”。

本书参考和引用了国内外诸多相关文献资料，在此谨向有关作者表示诚挚谢意。鉴于水平有限，书中不足和错误在所难免，肯请广大读者不吝指正。

著者

2020年1月

目 录

第1章

绪 论

1.1 研究背景与意义

21世纪以来，随着全球气候变化以及人类活动强度的加剧，自然灾害在全球造成的潜在威胁越来越大，全球每年灾害经济损失达2500亿～3000亿美元（CRED &UNISDR，2015）。干旱灾害被认为是最复杂、影响人口最多的自然灾害之一（Hagman等，1984；Wilhite，2001）。据紧急灾难数据库（www.em - dat.net）的资料显示（1900—2015年），从全球范围来看，干旱发生频率为5.7次/年，发生次数仅占整个自然灾害数量的5%，但造成的死亡人数却占30%，造成的经济损失达1357亿美元。对于中国而言，1900—2015年的干旱造成的经济损失达298亿美元，死亡人口达350多万人。随着全球气候变化的加剧，全球水文循环加速，干旱的发生频率和影响面积也在不断增加（Dai，2011；Sheffield和Wood，2012）。IPCC在其系列评估报告中指出，未来干旱风险有不断增加的趋势（McCarthy，2001；Parry，2007；IPCC，2001、2007），尤其在干旱和半干旱区域（Stocker等，2013；IPCC，2013）。全球性的干旱已成为最严重的自然灾害之一，努力探索预防、控制和减轻灾害影响的理论体系和技术手段，已受到各国政府和相关学者的普遍关注（ADB，2015）。

草地是全球最重要的植被类型之一，占陆地总面积的50%。我国草地面积约为4亿hm^2，约占我国国土面积的41%，位居世界第二位，是耕地的4倍，森林的3.6倍。据农业部2015年数据显示，中国畜牧业总产值已超过2.9万亿元，成为世界第一畜产大国，畜牧业产值占农林牧渔业总产值的比重达到36%，对于维持世界和中国粮食安全与社会稳定起到了至关重要的作用。我国草地大部分地区处于干旱半干旱的生态脆弱地带，易受干旱的影响（伏玉玲等，2006a）。干旱是影响牧区生活和生产最严重的自然灾害（李晶，2010；聂俊峰等，2005）。随着社会经济发展和人口增加，水资源短缺现象日趋严重，加之全球气候变化的加剧，我国牧业干旱成灾面积有明显增加的趋势，在发生次数和发生强度上也呈上升态势（Huang等，2015；Piao等，2009；李克让等，1996），对草原生态-社会-经济系统产生了严重的影响（Ding等，2016；陈佐忠等，2003）。据不完全资料统计，仅1949—1991年全国牧区因干旱损失牲畜已达1741.2万头，牧业累计直接经济损失157亿元（1990年价）（国家防汛抗旱总指挥部办公室，1997）。旱灾不仅影响牧区生活生产活动，而且严重威胁到我国的牧业安全和社会经济的可持续发展（Han等，2008）。然而，目前对灾害损失的本质和真实程度的刻画还存在许多缺陷，真实的旱灾损失可能更加严重（CRED &UNISDR，2015）。

综上所述，牧业旱灾是影响我国牧业安全和社会经济可持续发展的一个重要问题，迫切需要开展牧业旱灾真实损失动态评估的理论、方法以及应用研究，为科学抗旱与防灾减灾实时决策提供依据。因此，开展气候干旱化趋势下的耦合人类活动的草地牧业真实损失定量评估研究是人类积极应对全球变化形势的一个新的研究课题。

1.2　国内外研究现状

1.2.1　干旱及其监测指标的研究进展

1.2.1.1　干旱的定义、类型及干旱事件

作为一种自然现象，干旱的发生发展过程均存在于一定的时空范围内。以水循环过程为时间轴线，研究区域（流域）的水循环过程发生水分亏缺，其相应的水循环阶段即会引发干旱。同时，上一个水循环环节的水分亏缺会影响到下一个环节的循环过程，每个环节都会随水循环的进程而产生交互影响。由于干旱的发生悄无声息，起止时间较难界定，干旱强度也很难准确监测。目前为止，干旱尚无统一准确的定义（Dracup 等，1980；Wilhite，2005a）。干旱根据受旱机制的不同分为气象干旱、农业干旱、水文干旱、社会经济干旱以及生态干旱（袁文平和周广胜，2004b）。气象干旱主要指持续一段时间的降水亏缺现象；农业干旱是指在农作物生长发育过程中，因降水不足、土壤含水量过低或作物得不到适时适量的灌溉，致使供水不能满足农作物的正常需水而造成农作物减产；水文干旱是指由于气候变化和人类活动引起的地表和地下水资源量在一定程度上的减少；社会经济干旱则是指当水分供需不平衡、水分供给量小于需求量时，正常社会经济活动受到水分条件制约影响的现象。

随着全球变化研究的深入，越来越多的研究开始关注干旱对大区域生态系统的影响[5]。当一个区域长期干旱少雨又缺少灌溉水源时，生态系统生产者会呈现出生长不良和枯萎等旱象，即引发生态干旱[4][6]。具体来说，生态干旱是指由于供水受限、蒸散发大致不变导致的地下水位下降、物种丰富度下降、群落生物量下降以及湿地面积萎缩的旱象[7-8]。生态干旱是各类干旱中最复杂的，涉及气象、水文、土壤、植被、地理和社会经济等各个方面的因素，气象干旱、水文干旱和社会经济干旱在一定程度上均可能引发生态干旱。生态干旱直接影响生态系统的功能和结构，严重时会对生态系统产生毁灭性的破坏。但目前生态系统干旱研究比较少（Lei 等，2016；Lei 等，2015）。

在几类干旱中，气象干旱最直观的旱象表现在降水量的减少、蒸发量增大，与研究区域的气候变化特征紧密相关；农业干旱主要与前期土壤湿度，作物生长期有效降水量、作物需水量、灌溉条件以及种植结构有关；水文干旱是一种持续性、区域性河川径流量和水库蓄水量较于正常年或多年平均值偏少，难以满足自然和社会需水要求的一种水文现象；社会经济干旱（工业服务业）是指由于经济、社会的发展需水量日益增加，以区域可供水不足影响生产、生活等活动刻画的干旱，其指标常与一些经济商品的供需联系在一起，如

建立降水、径流和粮食生产、工业损失产值（发电量）、服务业产值（航运、旅游效益）以及生命财产损失等关系（刘颖秋等，2005）。农业干旱、水文干旱和社会经济干旱更关注人类和社会方面造成的影响，生态干旱则是人类关注对自己赖以生存的环境所产生的影响。

几种类型的干旱之间既有联系，又有区别。气象干旱是其他类型干旱发生发展的基础。由于农业干旱、水文干旱、社会经济干旱和生态干旱的发生同时受到地表水和地下水供应的影响，其频率显著小于气象干旱。气象干旱持续一段时间，才有可能引发农业干旱、水文干旱，并随着干旱的逐渐演进，可能诱发社会经济干旱、生态干旱，从而造成严重的后果。若长时间降水偏少后气象干旱发生，则农业干旱发生与否要取决于气象干旱发生的时间、地点、灌溉条件及种植结构等条件。通常，在气象干旱发生几周后，土壤水分出现亏缺，农作物、草原和牧场才会表现出一定的旱象。持续数月的气象干旱会导致江河径流、湖泊、水库以及地下水位下降，从而引发水文干旱。水文干旱是各种干旱类型的过渡表现形式，是气象干旱和农业干旱的延续，水文干旱的发生意味着水分亏缺已经十分严重。当水分短缺影响到人类生活或经济生产需水时，就发生了社会经济干旱。一旦发生严重的水文干旱，必然引发社会经济干旱或生态干旱。水文干旱的压力累进到一定程度必然转移干旱的风险，作用于社会经济和生态系统承灾体。而且地表水与地下水系统水资源供应量受其管理方式的影响，使得降水不足与主要干旱类型的直接联系降低。同样，滞后若干时间后水文干旱的发生也存在一定的不确定性；农业干旱发生时气象干旱和水文干旱未必一定发生，但是发生了农业干旱则一定发生社会经济干旱，生态干旱在一定程度上也会诱发。由于农业生态系统是人工化的生态系统，因此农业干旱在一定程度上也属于生态干旱的范畴。自然植被的干旱抵抗能力强于农业植被，但是发生严重干旱时，通过人类活动取水灌溉将有限的水资源应用于农业，会使自然植被生长受到影响，从而引发生态干旱（尤其在有灌溉条件的区域）。发生严重水文干旱时，社会经济干旱和生态干旱发生的风险增高。水文干旱是联系气象干旱、农业干旱、社会经济干旱和生态干旱的纽带。因此社会经济干旱、生态干旱与农业干旱存在着包含关系，而社会经济干旱与气象干旱、水文干旱并不存在包含关系。例如，在发生气象干旱后，假如能及时为农作物提供灌溉，或采取其他农业措施保持土壤水分，满足作物需要，就不会形成农业干旱。但在灌溉设施不完备的地方，气象干旱是引发农业干旱的最重要因素。气象干旱、农业干旱、水文干旱及社会经济干旱都有可能直接引发生态干旱，造成草地枯黄、森林死亡。然而，随着社会经济的快速发展，人类需水量日益增加，高强度的取水可能会引发水文干旱。而且，在社会经济用水优先的管理模式下，当人类生活生产用水严重挤占生态用水时，会直接引发生态干旱。社会经济干旱发生时，不一定发生气象干旱、水文干旱，在工业用水优先的前提下必然发生农业干旱和生态干旱。生态干旱发生时，说明农业干旱、水文干旱和社会经济干旱必然发生，气象干旱有可能发生，也有可能不发生。各种类型的干旱之间的相互关系如图1-1所示。综上所述，不同类型的干旱之间密切关联，其各自的发生时间、持续时间和发生强度等干旱特征在随着干旱持续发展的过程中都遵循一定的规律，因此，开展不同时段的干旱发展特征科学监测有利于及时掌握干旱发展态势，对于区域干旱综合管理具有重要意义。

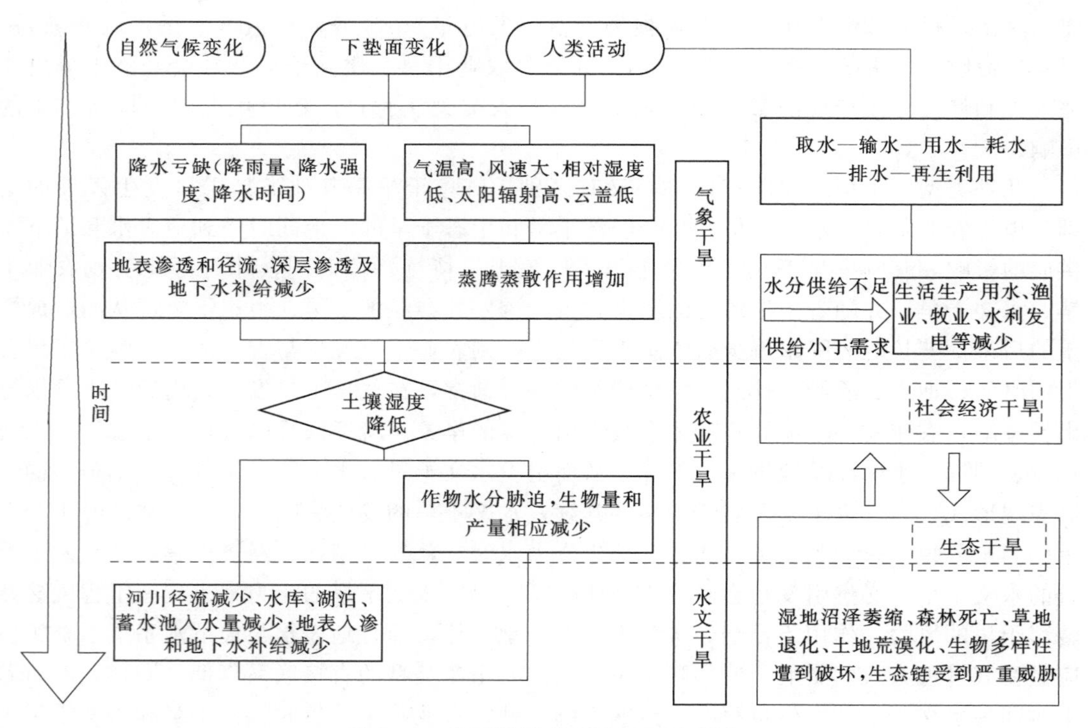

图 1-1 各干旱类型之间相互关系图

1.2.1.2 干旱监测指标研究进展

旱情指标是刻画干旱程度、持续时间、空间范围的数值度量，表征某一地区干旱严重程度的变量或标准，用于对干旱造成的影响进行定量化评估，是开展干旱监测、预测、预警、评估和进一步开展旱灾研究的基础（Mishra 和 Singh，2010）。干旱等级就是将不同旱情指标转化为可以公度的用以衡量旱情严重程度的定量分级，是不可以公度的干旱指标的归一化表征，具有量度、对比和综合分析旱情的作用，具体描述见表 1-1（Heim，2000）。

表 1-1 不同等级干旱及其旱象

干旱等级	旱　　象
正常或湿涝	降水正常或较常年偏多，地表湿润，无旱象
轻旱	降水较常年偏少，地表空气干燥，土壤出现水分轻度不足，对农作物有轻微影响
中旱	降水持续较常年偏少，土壤表面干燥，土壤出现水分不足，地表植物叶片白天有萎蔫现象，对农作物和生态环境造成一定影响
重旱	土壤出现水分持续严重不足，土壤出现较厚的干土层，植物萎蔫、叶片干枯，果实脱落，对农作物和生态环境造成较严重影响，对工业生产、人畜饮水产生一定影响
特旱	土壤出现水分长时间严重不足，地表植物干枯、死亡，对农作物和生态环境造成严重影响，工业生产、人畜饮水产生较大影响

目前，由于干旱自身的复杂特性和对社会影响的广泛性，多数旱情指标建立在特定的

地域和时间范围内，不同区域干旱指标差异很大，而且具有特定的时空尺度。干旱评估指标决定了旱情指标用来反映干旱的时空特性，但由于不同地区农业生产条件差别很大，受旱的原因和造成的危害也各不相同，且受气候、地形地质、水资源条件和农业生产状况等多种因素影响。为了更加深刻地认识和准确评估干旱的发展动态及其影响，国内外众多专家学者对干旱的强度等级等指标进行了广泛而深入的研究。目前，尽管关于干旱及其监测指标已有大量的研究，但还没有一个可以被普遍接受的干旱定义（Dracup 等，1980；Wilhite 和 Glantz，1985）。Palmer 将干旱定义为“干旱期是这样一个时段，在数月或数年内，水分供应持续低于气候上所期望的水分供给”（Palmer，1965）；世界气象组织定义干旱为“在较大范围内相对长期平均水平而言降水减少，从而导致自然生态系统和雨养农业生产力下降”（Gadgil 等，1992）；我国气象干旱等级的干旱定义为“某段时间由于蒸发量和降雨量的收支不平衡，水分支出大于水分收入而造成的水分短缺现象”；我国行业干旱评估标准定义干旱为“因供水量不足，导致工农业生产和城乡居民生活遭受影响，生态环境受到破坏的自然现象”。虽然各种定义的表述不尽相同，但是这些定义中都包含有干旱的核心内容即水分缺乏（袁文平和周广胜，2004b）。一般而言，合理的干旱指标首先应该能够精确地描述干旱的强度、范围和起止时间；其次，指标应该包含明确的物理机制，充分考虑降水、蒸发散、径流、渗透以及土壤特性等因素对水分状况的影响；最后，指标的实用性也是关系到它能否被广泛应用的关键（袁文平和周广胜，2004b）。比较著名的干旱指数有标准化降水指数（Standardized Precipitation Index，SPI）（McKee 等，1993）、帕尔默干旱指数（Palmer Drought Severity Index，PDSI）（Palmer，1965）和地表供水指数（Surface Water Supply Index，SWSI）（Shafer 和 Dezman，1982）。

干旱指标的研究也由气象指标起始，逐渐关注干旱造成的多种影响，进入以农业和水文为对象的干旱指标研究阶段。随着研究工作的深入，进入了以社会经济生态系统为对象的干旱全面研究阶段，探讨干旱综合监测模型的研制（表 1-2）。

表 1-2　国内外主要旱情指标

指　数	年度	发表者	分析的变量	应用领域
降水距平	1906	Henry	21 天降水少于正常值 30%	气象干旱
前期降水指数（API）	1954	McQuing	降水	气象干旱
干旱面积指数（DAI）	1908	Bhalme	干旱面积	气象干旱
降水异常指数（RAI）	1965	Van-Rooy	降水	气象干旱
帕尔默干旱指数（PDSI）	1965	Palmer	基于水平衡模式的降水和温度	气象干旱
修正 Palmer 指数	1985	安顺清	降水和温度	气象干旱
Z 指数	1990	幺枕生	降水	气象干旱
修正 Palmer 指数	1990	NWS	水平衡模式分析的降水和温度	气象干旱
标准化降水指数（SPI）	1993	McKee	降水	气象干旱
综合气象指数（CI）	1998	NCC	降水和蒸发量	气象干旱
有效降水指数（EDI）	1999	Byun 和 Wilhite	日降雨	气象干旱
干旱勘察指数（RDI）	2007	Tsakiris	降水和温度等气象资料	气象干旱

续表

指 数	年度	发表者	分析的变量	应用领域
标准化降水蒸散指数（SPEI）	2010	Vicente－Serrano	降水与地表潜在蒸散	气象干旱
充足水分指数	1957	McGuire	降水和土壤水分	气象农业干旱
作物水分指数（CMI）	1968	Palmer	降水和温度	农业干旱
Palmer Z 指数	1986	Karl	水平衡分析的降水和温度	气象农业干旱
土壤湿度干旱指标（SMDI）	1993	Hollinger	土壤湿度和作物产量	农业干旱
归一化水分指数（NDWI）	1996	Gao B. C	植被水分	农业生态干旱
特定作物干旱指数（CSDI）	1993	Steven Meyer	土壤水分平衡和作物产量	农业干旱
地表蒸发指数（EF）	1998	Niemeyer	能量平衡	农业生态干旱
土壤湿度亏缺指数（SMDI）	2005	Narasimhan	土壤湿度亏缺	农业干旱
蒸散亏缺指数（ETDI）	2005	Narasimhan	蒸散湿度亏缺	农业干旱
K 指数	2007	王劲松等	降水和蒸发量	农业干旱
植被反照率干旱指数（VCDA）	2007	Ghulam	MODIS 卫星遥感资料	农业干旱
正交干旱指数（PDI）	2007	Ghulam	MODIS 卫星遥感资料	农业干旱
H 指数	2009	杨小利等	水分平衡量	农业干旱
地表供水指数（SWSI）	1981	Shafer	积雪、水库蓄水、流量和降雨	水文干旱
PHDI 指数	1985	Alley	水平衡模式分析的降水和温度	水文干旱
区域流量短缺指数（RDI）	2001	Stahl	流量和流速资料	水文干旱
标准化径流指数（SRI）	2008	Shukla 和 Wood	径流	水文干旱
径流干旱指数（SDI）	2009		径流	水文干旱
社会缺水指数（SWSI）	2000	Ohlsson	可利用水量、人口数、人类发展指数	社会经济干旱
农村干旱饮水困难百分率	2005	陈斌	人均日生活供水量、受旱人口	社会经济干旱
社会经济干旱指数	2010	Arab	经济、气象、水文和农业产量等	社会经济干旱
植被条件指数（VCI）	1995	Kogan	卫星 AVHRR 辐射	农业生态干旱
WAWAHAMO 指数	2001	Zierl	水分平衡量	生态干旱
标准植被指数（SVI）	2002	Peters 等	卫星遥感资料	生态农业干旱
干旱监测系统（ADWS）	1985	Beran 等	地面降水网站和遥感	综合监测
NOAA 干旱监测（DI）	1999	NOAA	多干旱指数和辅助指标的干旱监测	综合监测
多要素集成指数	2004	Keyantash	气象、水文和陆面水分特征量	综合监测
欧洲干旱观察（EDO）	2009	Niemeyer 等	SPI、土壤湿度、降水量和遥感指数等	综合监测
植被干旱响应指数（VegDRI）	2008	Brown 等	NOAA AVHRR 资料和气象资料	综合监测
植被前景展望（VegOut）	2007	Tsegaye	气象、海洋、遥感和生物物理数据	综合监测

续表

指 数	年度	发表者	分析的变量	应用领域
综合地表干旱指数（ISDI）	2012	周磊	考虑降水、植被、地表热、地表覆盖、灌溉、海拔、土壤属性等方面	综合监测
旱情综合监测模型	2013	包欣	气象、农业、遥感数据	综合监测
综合干旱指数（ISDI）	2013	杜灵通	植被、土壤和降水亏缺，土地利用、和 DEM 等地理空间特征辅助参量	综合监测
光谱维-温度干旱指数（STDI）	2014	孙灏	综合土壤水分、地表蒸散、植被绿度及植株水分的变化	综合监测

1.2.1.3 干旱事件

由于干旱具有随机性、不确定性、动态性等多维特征，度量干旱是比较困难的，其发生发展乃至结束时间是模糊不清的。由于干旱的复杂性与差异性，客观判断和评估干旱事件的时空分布特征至关重要。通常，干旱采用严重（缺水）程度、持续时间和影响面积三维特征进行衡量。因此，一次干旱事件可采用干旱严重程度、持续时间和影响面积等特征变量进行量化表征。一般的，通过构建某一干旱指数进行干旱识别，再依据干旱指数的阈值水平划分确定干旱事件的起止时间、持续时间、干旱强度、干旱面积等特征变量[14-16]，如图 1-2 所示（Janga Reddy 和 Ganguli，2012；Oh 等，2013）。以 SPI 干旱指数为例，一个干旱事件可以从以下特征进行描述：①干旱开始时间（T_b），表示水资源短缺时期的

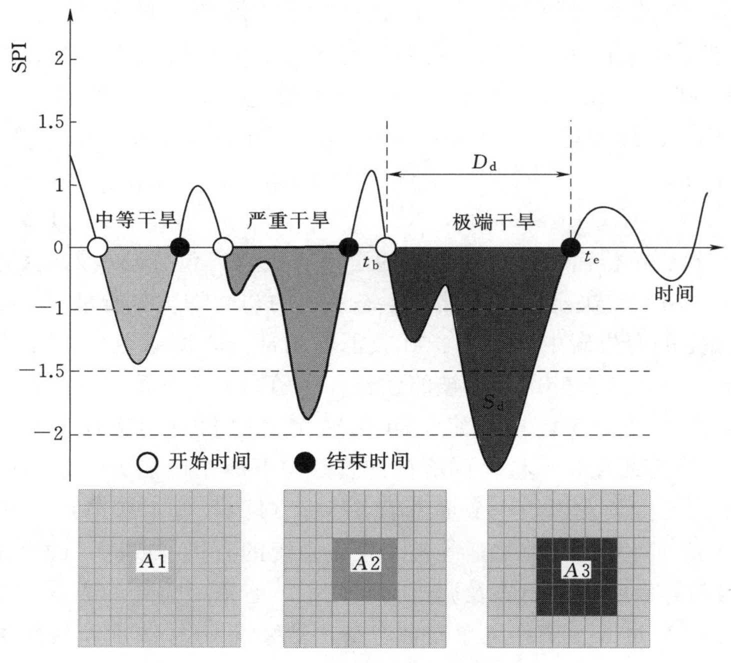

图 1-2 不同等级干旱事件的定义

开始，即干旱的开始；②干旱终止时间（T_e），表示水资源短缺达到最严重的时候，并得到较大程度的缓解，干旱状况不再持续发展；③干旱持续时间（D_d），以年、月、周、日等不同时间尺度表达持续时间（干旱起始和终止之间的时间间隔），在此期间干旱特征参数连续低于临界水平，也是反映旱情的一个重要指标；④干旱严重程度（S_d），表示累计水分亏缺程度（低于临界水平）的干旱参数，是反映干旱导致某地区的缺水程度，是用于描述一场干旱的主要旱情指标之一；⑤干旱强度（I_d），是低于临界水平的平均值，是干旱严重程度与干旱持续时间的比值，干旱过程内所有持续时间的 SPI 指数为轻旱以上的干旱等级之和，其值越小干旱过程越强；⑥影响面积（A1、A2、A3），干旱涉及（影响）的最大范围（面积），干旱面积是反映旱情的重要指标之一，依据高精度格点的水文气象与遥感资料建立全球或区域的海—陆—气格点空间分布数据集，识别干旱发生的空间范围，设置面积阈值，提取包含干旱发生范围的干旱事件。

因此，本书所指的中等干旱、严重干旱和极端干旱事件分别是一次干旱过程中，最强干旱强度分别达到 SPI 中等干旱等级（$-1.50<SPI\leqslant -1.00$）、严重干旱等级（$-2.00<SPI\leqslant -1.50$）和极端干旱等级（$SPI\leqslant -2.00$）的一次完整干旱事件，包含一定的干旱持续时间和强度、影响面积，是干旱严重程度的综合体现与表达。

1.2.1.4 生产力基本概念

陆地生态系统生产力的研究是当前国际地圈—生物圈计划（IGBP）、全球变化与陆地生态系统（GCTE）与京都议定书中的重要内容之一（Kreft 等，2014）。草地生态系统是陆地生态系统最重要的组成部分（Field 等，2014），在全球碳循环中占有重要的地位（Stocker，2014）。在某种程度上，植被状态的变化能够在全球变化研究中充当一定的“指示器”作用，动态监测植被生产力能够预测气候变化的基本趋势（Walther 等，2002）。草地生态系统生产力是草地生态系统与大气之间进行碳交换的主要途径，主要包括总初级生产力（Gross Primary Production，GPP）[总生态系统呼吸（Total Ecosystem Respiration，TER）、自养呼吸（Autotrophic Respiration，AR）和异养呼吸（Heterotrophic Respiration，HR)]、净初级生产力（Net Primary Production，NPP）、净生态系统生产力（Net ecosystem Production，NEP）等（Knapp 等，2002；Lesnoff 等，2012）。GPP 指在单位时间、单位面积上植物生产的全部有机物，包括同一期间植物的自养呼吸，又称总第一性生产力，它决定了进入陆地生态系统的初始物质和能量（方精云等，2001）。NPP 指植被所固定的有机碳中扣除本身呼吸消耗的部分，即绿色植物在单位时间和空间内所净积累的干物质，这部分用于植被的生长和生殖，又称净第一性生产力，反映了植物固定和转化光合产物的效率，也决定了可供异养生物利用的物质和能量（方精云等，2001）。净初级生产力还反映了植物群落在自然条件下的生产能力，是估算地球承载力和评价陆地生态系统可持续发展的一个重要生态指标（Kreft 等，2014）。NEP 指单位时间、单位空间内，土壤、凋落物及植物量等整个生态系统的有机物或能量的变化，亦即生态系统净初级生产力与异氧呼吸（土壤及凋落物）之差。它是最重要的表征生态系统碳源汇的变量，表示大气 CO_2 进入生态系统净光合产量，受大气 CO_2 浓度和气候条件影响（方精云等，2001）。

1.2.2 干旱对草地生产力影响的研究进展

目前，多数研究主要关注气候变化对草地生态系统的影响。从研究对象上看，主要包括气候变化对草地植被、土壤、微生物及整个草地生态系统的影响研究（Thompson 等，2009；范月君等，2012）；从研究内容上看，主要涉及草地的生物酶活性（Henry 等，2005）、物种组成（Knapp 等，2002）、结构和功能（Shaw 等，2002；Suttle 等，2007）、生物多样性（Thuiller，2007）、草地生产力（Melillo 等，1993）和物候（Trnka 等，2011）、碳循环的动态（Heimann 和 Reichstein，2008；Sitch 等，2007）；在研究范围上，覆盖了全球的主要草地类型（Morgan 等，2011；Parton 等，1995）。然而，干旱是全球气候变化的主要结果和主要表现之一，而且近几十年来干旱发生的频率和强度在全球范围内随着全球变化的加剧显著增加（Dai，2011；Lesnoff 等，2012）。IPCC 在其系列评估报告中指出，未来干旱风险有不断增强的趋势（Solomon，2007；Stocker 等，2013）。而且，草地更容易遭受干旱的干扰（Coupland，1958；Knapp 等．，2002），所以干旱对草地产生的严重影响还需引起人们更多的关注。干旱对草地生态系统碳循环产生了极大的干扰（Bai 等，2004；Knapp 等，2002；Novick 等，2004），远比温度和降水平均值的改变产生的影响大（Jentsch 和 Beierkuhnlein，2008）。随着气候变化和人类活动的加剧，干旱对草地生态系统碳循环的影响更为复杂（Peters 等，2007；Scott 等，2009a；Smith 等，2008）。因此，研究干旱下草地碳循环的特征对于维持、稳定和发展整个草地生态系统，理解碳循环动态的控制与反馈机制以及生态系统对全球变化的适应机制具有重要意义。

内蒙古草地是我国温带草地的主体，但是干旱对草地生产力影响评估方面的研究比较少，尤其是不同等级干旱的影响研究。我国温带草原碳循环过程的研究内容主要集中在草原初级生产力、生物量动态、土壤有机碳动态等对气候变化响应方面（Yu 等，2010；戴雅婷等，2009）。目前，基于地面观测气象数据（降水量、平均温度及年蒸散量等）建立了气候生产力模型，比较著名的有周广胜、张新时基于气候因子（辐射干燥度、年净辐射、年降水量）建立了中国自然植被 NPP 回归模型（Wilhite，2005b；蔡学彩等，2005）。赵慧颖基于年平均气温、年降水量建立了内蒙古典型草原区 1961—2005 年牧草气候生产潜力的回归分析方程（侯琼等，2010）。从研究方法上来看，植被生产力的估算主要有地面测量、遥感测量和模型模拟（Zhao 和 Running，2010；蔡学彩等，2005；李克让等，1996）。马文红等利用实际观测的 113 个地面数据、1：100 万植被类型图和 1：1400 万《中国土壤质地图》估算了内蒙古温带草原生物量的大小，揭示了其空间分布和地下生物量的垂直分布规律，发现荒漠草原、典型草原和草甸草原的生物量存在显著差异（马文红等，2008）。然而，仅有部分学者研究了干旱对内蒙古草地碳循环的影响。Xiao 等基于 PDSI 和 TEM 模型也发现极端长期干旱显著降低了中国草地的 NPP（Xiao 等，2009）。王宏等利用遥感 NDVI 指数和 SPI 指数研究了荒漠草原、典型草原、草甸草原与干旱气候的线性关系，表明不同类型草原对干旱气候的响应差异显著（王宏等，2008）。然而，鲜有学者系统地分析不同等干旱和草地生产力之间的定量关系。

1. 干旱对 GPP 影响的研究进展

降水是调节草地植被生长最有影响力的因子（Lauenroth 和 Sala，1992）。在干旱期间，生产力的变化程度取决于植物对获取有效水分的生理响应（Meir 等，2008）和植被结构的变化（Fisher 等，2007）。植被生产力对不同等级的干旱具有不同的响应：在轻度干旱下，光合有效辐射（PAR）增强，伴随的高温度和较长的生长季增加了 NPP；然而，在极端的长期干旱期，水分成为植物生长的限制因子，干旱的负面影响抵消了较高的 PAR，更高的温度或生长季延长的增强效果（Nemani 等，2003）。Xiao 等的研究也发现 1901—2002 年所有严重持续干旱导致中国草地的 NPP 显著下降（Xiao 等，2009）。Guo 等研究了内蒙古草原地上净初级生产力沿着气候梯度的空间变异，结果降水的季节变化显著影响 ANPP 的大小（Ding 等，2016）。Peng 等发现年降水量、季节分配、频率显著调控着内蒙古草地碳循环的基本过程（Peng 等，2013）。

M. K. Molen 等系统地探讨了干旱的频率、持续时间和等级对 GPP 的影响，表明干旱对 GPP 的影响具有直接和滞后效应（Van der Molen 等，2011）。从短期来看，在干旱状态下，植被光合能力下降，生产力严重减少（Schwalm 等，2012）。Zhao 等采用 PDSI 干旱指数进行干旱识别，基于 MODIS NPP 数据评价了全球干旱对 NPP 的影响，干旱减少了全球 0.55PG 的碳（Zhao 和 Running，2010）。在内蒙古羊草草原，一些研究发现干旱显著降低了植被的相对生长速率和光能利用率（Xu 等，2009）。然而，在干旱季节，部分学者在爱尔兰草原、巴西稀树草原、北美混合大草原和非洲稀树草原的研究发现在干旱初期植被水分利用效率提高，使得植被的光合作用在增强，GPP 和 NPP 上升（Jaksic 等，2006；Miranda 等，1997；Scott 等，2010）。从长期来看，一些学者的研究表明 GPP 对干旱的响应具有一定的滞后性（Reichstein 等，2013；Yahdjian 和 Sala，2006），这种滞后效应由干旱的强度和持续时间决定（Scott 等，2009b）。GPP 对干旱的初步响应结束后，仍然会影响生态系统的碳动态，可能由于植被对干旱产生记忆效应而产生混乱响应（Walter 等，2011），从长期来看可能导致 GPP 有多个响应状态（Van der Molen 等，2011）。干旱对内蒙古生产力影响的不确定性主要是由干旱强度、持续时间和影响面积以及植被对降水亏缺的累积和滞后效应共同决定的（Pei 等，2013）。

2. 干旱对 TER 影响的研究进展

草地生态系统碳循环具有其独特的生物地球化学循环过程和作用，碳循环的主要过程是在土壤中完成的（Smith 等，2008）。土壤呼吸约占生态系统呼吸的 70%（Hunt 等，2004；Suseela 等，2012）。碳的释放呈现出一种可利用水分和温度的非线性函数（Meir 等，2008）。就草原生态系统而言，植物根系和土壤微生物呼吸速率及其季节变化主要受土壤温度和水分条件的控制（钟华平等，2005）。当土壤水分亏缺成为胁迫因子时，可能取代温度而成为影响土壤呼吸的主要控制因子（Falloon 等，2011）。

在干旱期间，由于植物光合速率的降低减少了微生物呼吸底物的供应（Hartley 等，2006），限制微生物呼吸和根系呼吸，最终导致土壤呼吸强度减弱（Wang 等，2014）。李明峰等利用静态暗箱法研究了极端干旱对内蒙古锡林河流域的草甸草原、羊草草原、大针茅草原等典型温带草地生态系统碳排放的影响，发现干旱显著减少了碳排放，而且表现出递减趋势（李明峰等，2004）。Raich 等研究表明降水与土壤呼吸成正比，降水减少所引起的干旱效应势必会降低土壤呼吸排放进入大气的 CO_2（Raich 等，2002），而且土壤呼吸对降水的响应具有一定的滞后性（Fierer 和 Schimel，2002）。然而，部分学者发现在干旱期间土壤有机质（SOM）分解率降低和凋落物增加可能会导致SOM的积累异常（Martí-Roura等，2011；Scott等，2009a）。在历经干旱之后，微生物活性增加可能导致累积的SOM出现分解的波峰（Huxman等，2004b）。M. K. Molen等回顾了干旱的频率、持续时间和等级对生态系统呼吸的影响，表明干旱对生态呼吸的影响具有直接和滞后效应（Van der Molen等，2011）。

1.2.3 干旱对牧业的影响过程与机制

牧业干旱是土壤水分供给不能满足牧草返青或正常生长需要，导致牧草受到抑制甚至干枯的现象（国家防汛抗旱总指挥部办公室，2015）。水分是牧草赖以正常生长和发育的最重要条件。牧草生长可分为返青、分蘖、拔节、抽穗、开花和成熟6个生育阶段，尤其是5—6月牧草拔节和抽穗的关键需水期，如遇干旱缺水生长将受到严重抑制（韩建国，2007）。干旱直接影响牧草返青、生长及其产量和质量的各个环节（Vallentine，2000）。牧草生长的好坏、产量的高低，直接决定了畜牧业的发展（Deléglise等，2015；王民，1995）。干旱对牧区的危害，一是降低牧草产量和质量，二是造成牲畜饮水困难，两者都严重影响牲畜的正常生长，导致牲畜死亡（Illius和O′connor，1999；欧阳惠，2001）。在生态系统水平上，干旱减弱植被对碳的吸收功能，导致牧草生产力降低（Zeng等，2005）。干旱引起植被发育不充分乃至退化、生长停止或枯死（Bork等，2001），生态链受到严重威胁等（Bradley等，2006；Seabloom等，2003），导致草场载畜能力的降低（Ellis和Swift，1988；Fynn等，2010）。在一定程度上通过调节牧草产量进而调控着牲畜种群的密度和数量（Illius和O′connor，1999）。

干旱对牧草产量的影响过程与机制是复杂的，主要涉及物种资源对干旱的适应机制与适应能力、牧草牧草不同生育期对干旱的敏感性不同、干旱的不同效应影响（Van der Molen等，2011）。然而，牧草-牧业的水分亏缺压力胁迫传递的基本过程与机制研究仍然需要进一步深入开展，干旱对牧草-牧业影响的动态响应过程未受到足够的关注，牧业旱灾形成的基本响应机制未被识别。

放牧与干旱对牧区牧业共同产生作用。放牧一直是干旱半干旱区主要的人类活动（Di Cosmo，1994）。轻度放牧促进了牧草的补偿性生长，有利于草畜的协同发展（Shinoda等，2010a）；中度放牧对植被覆盖的影响比干旱的影响小，但是重度放牧比干旱的影响大（Coupland，1958）；长期禁牧不利于牧草的生长（蔡学彩等，2005；肖金玉等，2015）。因此，合理的放牧对生态系统是有益的。极端干旱事件可以显著影响放牧生态系统，导致饲料营养价值和牲畜种群密度下降（Fynn和O′connor，2000）。循环放牧可以放大干旱的消极影响，凸显干旱年份放牧需求的适应性。在干旱结束后，草地生态系统具有更高的适应力（Soussana等，2013）。因此，评估干旱对牧草或牧业的影响时应当看放牧产生的效应。Miao等仅识别了干旱和放牧对内蒙古植被和牲畜死亡产生重大影响的相关性，但未进一步定量评估两者对牧业的影响（Miao等，2016）。目前，干旱对牧业的影响评估未充分考虑放牧的干扰，干旱与放牧对牧草和牧业的交互影响有必要进一步探讨，牧业承灾体在放牧和干旱的双重作用下如何响应仍然需要深入探索，这对合理安排干旱状态下的放牧活动具有重要指导意义。

1.2.4 干旱对草地生产力和牧业影响的研究方法

1.2.4.1 干旱对草地生产力影响的研究方法

利用实验或模型模拟的方法可以控制研究条件，设置单因子控制试验或多因子交互试验，确定关键因子及因子之间的相互作用，分析环境因子的独立效应与敏感程度，有助于理解碳通量的时空变化规律（Norby 和 Luo，2004；Yan 等，2009）。干旱通过与其他环境因子（CO_2 浓度、温度）的相互作用扩大或减少它对碳通量和蓄积量的影响（Luo 等，2008）。研究干旱单一因子对草地碳循环影响的手段主要包括 3 种：降水控制实验、遥感实时监测和模型模拟（Lesnoff 等，2012）。

（1）降水控制实验。在全球范围内已开展了大量的诱导实验，通过减少降水量形成干旱效应研究干旱对草地碳循环的影响，如美国堪萨斯州的 Konza Prairie 长期定位试验站和加拿大北部草原生态系统布置的降水控制实验（Knapp 等，2002；Laporte 等，2002）。一些学者在北美的高杆大草原进行降水控制实验，当降水量减少 30%时土壤 CO_2 通量降低 8%，改变降水时机（延长 50%降水间隔同时增大降水强度）土壤 CO_2 通量降低 13%，两者耦合时土壤 CO_2 通量降低 20%（Harper 等，2005）。

（2）遥感实时监测。该法主要是通过实时获取的遥感数据，分析严重干旱对碳循环的影响。Zhao 等采用 PDSI 干旱指数进行干旱识别，基于 MODIS NPP 数据评价了全球干旱对 NPP 的影响，干旱减少了全球 0.55PG 的碳（Zhao 和 Running，2010）。

（3）模型模拟。模型模拟是基于生态过程模型，以减少降水或温度和降水共同改变的气候状况设为干旱条件来研究陆地生态系统生产力的响应。Tian 等设计了不同气候因子试验作为 TEM 模型的输入数据，分析了干旱对美国陆地生态系统的影响，受降水和温度共同作用的干旱可以显著降低生态系统的碳汇功能（Yan 等，2009）。Chen 等通过生态过程模型（DLEM）设计了 3 种模拟实验，刻画了不同单一因子对 NPP 和 NCE 的影响贡献，辨析了干旱对生态系统生产力产生的真实影响（Chen 等，2012）。Luo 通过 4 个植被动态模型发现降水和温度的相互作用扩大单一因子对生态系统碳通量的影响（Luo 等，2008）。Norby 和 Luo 在生态系统对多因子环境（如 CO_2 和升温）的响应研究中评述了生态过程模型对定量单因子或多因子交互作用的重要性，同时指出模型-数据的融合为研究气候变化的影响提供了一种比较有效的手段（Norby 和 Luo，2004）。

1.2.4.2 放牧与干旱对牧业影响的定量评价方法

从自然灾害系统的角度认识干旱作为致灾因子对承灾体的作用机制及影响是目前自然灾害研究的热点和难点问题（Wilhite，2005a；姚玉璧等，2013；张继权，2006）。如何量化干旱及其灾影响的范围和强度、揭示干旱对草地和牧业等主要承灾体的影响过程和作用机制，是预防和减轻干旱灾害的重要科学基础。如何评估牧业旱灾损失是学术界和行业部门的一个难点问题，已有的牧业旱灾损失评估方法多以统计抽样测算与野外实验监测、遥感监测和模型模拟等定性或半定量评价为主。

（1）统计抽样与野外实验监测。Homewood 基于牧业历史统计数据和干旱时期的实地调查和监测数据，采用人口统计学分析的方法分析了 1983—1985 年肯尼亚大旱的牧业损失（Homewood 和 Lewis，1987）。还有学者采用畜群增长数学模型模拟不同干旱等级的萨赫勒半干旱草原地区的畜牧种群动态，计算出不同干旱等级下的畜牧种群结构损失率（Lesnoff 等，2012）。同时也有一些学者基于野外实验研究了内蒙古草原地上生物量对干旱的响应（Gilgen 和 Buchmann，2009a；陈素华等，2009）。牧区旱灾尚缺乏系统的数据，且现势性较差（刘颖秋等，2005）。同时，牧业损失评估比较关注牲畜死亡率和牧草产量减产，掉膘和皮毛质量下降等牲畜非死亡性的隐性损失无法统计和客观定量化。利用实验和数理统计方法建立的损失统计模型相对简单，但是忽略了干旱影响牧草生长过程的变化，也没有考虑土壤水分、养分等对牧草的作用，估算结果较粗。

（2）遥感监测。利用遥感数据监测牧草长势始于20世纪70年代，早期的遥感估测方法只是简单地建立牧草单产与单一时相或多时相光谱指数间的线性或非线性相关关系（黄敬峰等，2001；毛留喜等，2008）。以光能利用效率为基础构建的遥感半经验半机理性预测模型也是基于遥感开展牧草估产研究的重要手段，但是此类模型较为适宜监测生物量的变化，且此模型中的光能利用效率也存在一定的区域差异性（袁文平等，2014）。这类遥感经验模型结构较为简单，且机理性较差，不能反映牧草生长及产量形成的复杂生理过程，还受到经验系数时空局限性的约束。

（3）模型模拟。通过温度、降水等气象数据计算牧草生物期内各阶段相对蒸散发量，构建的水分生产函数和气候生产潜力模型是开展牧草减产评估的主要方法（郭建平等，2002；曲武，2011；张伟科等，2008），但牧草生长机理过程描述较差。以生态过程模型为代表的机理模型能够定量和动态地描述牧草的生长、发育和产量形成过程及其对温度、水分等环境的感应，并能详细地量化描述牧草的基本生理生态过程（莫兴国等，2004）。此外，还可以模拟在植被生长过程中水分运移的各个方面，定量描述水分亏缺对植被生长和产量的胁迫过程，较为适宜研究干旱对牧草生长的影响（田汉勤等，2010；杨大文等，2010）。生态过程模型的长期模拟和实验观测网数据的精确性相结合，可以实现干旱对牧草生长的长期监测和实时评估，从而实现牧业损失评估。

实验方法适用于野外观测，直接、明确，技术简单，可以对各种环境因素加以控制，为分析干旱对植被碳水循环过程的影响提供了多情景结果对比，也为模型验证和参数优化提供数据。但其时间尺度较小，只能在小范围内开展，无法扩展到大区域尺度上应用。遥感监测的优势在于大面积实时监测，准确认识区域碳源汇强度及其时空分布特征。然而利用遥感手段仅能从表面上了解生态系统的变化，无法深入理解不同草地生态系统内部过程对干旱的响应，机理性较差，同时间尺度相对较小，空间分辨率相对粗糙。而这正是模型方法的优点，方便研究者设定不同的研究目的，创造实际试验中难以达到的条件估算多模拟变量，研究大尺度格局上草地生态系统对干旱的响应和适应。尤其在实验缺乏的区域，模型-数据融合的模拟方法为研究单一因子对碳循环的影响提供了一种比较有效的途径。

1.3 科学问题

牧业旱灾损失评估是当前国际生态、农业、气象及水利学科领域的热点与前沿问题之一。尽管世界各国在旱灾损失评估研究方面投入了大量的人力、物力，但还存在以下几方面的问题亟待研究解决。

（1）牧业旱灾形成过程与机制研究仍需要深入。旱灾是土壤-植被-大气连续体共同作用的结果。当旱情出现时，由于土壤水分的下降，植被蒸腾会明显下降，表现出牧草水分胁迫的种种迹象，但在刻画牧草—牲畜—牧业水分胁迫程度动态传递方面却显不足，阻碍了牧业旱灾识别的过程。因此，需要在集成多源数据的牧业旱灾过程识别完善的同时，配合同步的野外水分控制实验和模型模拟方案，测定田间持水量、凋萎湿度等土壤参数，观测植被不同生长阶段的发育状况参数与牲畜动态，从而改进现有的牧业旱灾识别理解，能客观反应植被水分胁迫传递的机理过程，充分刻画水分胁迫-牧草-牲畜-牧业减产的灾害形成过程与机制。

（2）未考虑放牧等主要人类活动对牧业旱灾影响评估的干扰。目前，大多数人研究干旱对牧业的影响时，基本忽略了传统放牧活动对干旱施加的干扰作用，放牧使得干旱对牧业的影响评估研究更加复杂化。干旱与放牧对牧草和牧业的交互影响有必要进一步探讨，牧业承灾体在放牧和干旱的双重作用下如何响应仍然需要深入探索。因此，评估干旱对牧业的影响时应当考虑放牧效应，研究放牧作用下牧业旱灾损失更具有科学性和现实意义，对合理安排放牧具有指导意义，提高抵御干旱风险的能力，促进人与自然的和谐发展。

（3）急需一种基于旱灾形成过程的牧业损失动态评估方法。干旱对牧业的影响评估多停滞在对牧草影响评价的静态阶段，割裂了水分亏缺压力动态传递的过程。牧业损失评估比较关注牲畜死亡率和牧草产量减产，忽略了掉膘等牲畜非死亡的隐形损失，低估了牧业旱灾的损失；同时，未系统考虑放牧对干旱影响的干扰作用。因此，目前牧业旱灾损失评估未从灾害系统理论角度出发全面综合考虑多因素系统评估干旱对牧业的动态影响。基于水分胁迫—牧草—牲畜—牧业减产的灾害形成机制，提出了基于牧草生长过程模拟的牧业旱灾真实损失动态评估的思路，通过牧草—载畜量的理论转换关系系统评价包括牲畜非死亡造成的真实损失，建立牧业旱灾损失动态综合评估方法及区域旱灾评估空间模型。

因此，本书主要解决以下问题。

（1）通过模拟牧草水分胁迫变化过程，研究不同放牧强度下动态量化地描述牧草生长、发育和产量形成的过程及其对干旱压力累进的动态响应，刻画牧业旱灾形成与传递的动态机制。

（2）以区域牧业旱灾形成机制为基础，研究耦合自然和社会经济因素的牧业真实损失定量综合评估关键技术与区域旱灾损失评估方法研究，探讨不同干旱情景下减轻牧业旱灾损失的放牧强度方案。

综上所述，本书拟以灾害风险理论为指导，以野外水分控制实验和模型模拟为依托，从干旱致灾因子对承灾体（牧草—牲畜—牧业）的作用机制出发，研究建立了考虑放牧条件下牧业旱灾损失动态综合评估方法及区域旱灾评估空间模型，回溯区域牧业干旱损失格局的时空演变进程，为国家抗旱减灾实时决策提供技术支撑和依据，保障区域水资源和社会经济生态可持续发展。

1.4 研究思路和框架

1.4.1 研究目标

以内蒙古牧区为研究区，以干旱指数和生态过程模型为工具，研究集成不同放牧强度、植被水分胁迫状态参数、牧草产量-载畜量转换以及等价代换原理和微积分思想的区域牧业旱灾损失定量评估方法；研究内蒙古牧业旱灾-牧草产量时空耦合变化规律，建立解析不同放牧强度下牧业旱灾形成机制的干旱-损失响应关系；从灾害系统理论角度出发，以生态过程模型为基础，建立综合致灾因子危险性和承灾体脆弱性的不同放牧强度下基于牧草水分胁迫累进过程的牧业旱灾损失综合评价模型，定量刻画内蒙古牧业旱灾经济损失时空格局，为变化环境下合理利用水资源、提高预防和减轻旱灾风险能力、保障区域牧业安全与生态可持续发展提供科学依据。

1.4.2 研究内容

研究以内蒙古牧区为研究区，以干旱指数和生态过程模型为工具，开展野外水分控制实验和模型模拟实验，围绕牧业旱灾过程识别、模拟不同放牧条件下水分胁迫状况及其对牧草生长过程的影响，解析牧业旱灾损失形成机制与过程；研究基于牧草水分胁迫累进过程的区域牧业旱灾损失动态综合评估模型，回溯区域牧业旱灾损失时空格局。具体研究内容如下。

（1）内蒙古牧区干旱-牧草时空耦合度及孕灾机制。在近50年牧区干旱识别和牧草产量模拟的基础上，以野外水分控制试验和生态过程模型为基础，考虑不同放牧强度等人类活动，解析干旱-损失的耦合关系与区域牧业旱灾孕灾机制。基于自然灾害风险分析基本原理，从致灾因子危险性和承灾体脆弱性两个角度开展牧业旱灾综合评价，进一步探讨近50年内蒙古牧区干旱-牧草时空耦合关系，分析牧草减产的孕灾过程与机制。具体研究内容包括以下两个方面。

1）研究近50年蒙古牧区干旱-牧草产量变化的时空耦合关系，刻画干旱致灾因子的危险性和牧草承灾体的脆弱性，解析牧草产量对不同程度干旱的响应关系，厘定旱灾导致的牧草产量变化，揭示干旱-牧草产量的时空耦合程度的强度及耦合面积的比例关系。

2）依托野外水分控制试验和模型降水模拟实验，开展实验样地降水、温度、土壤水分和牧草水分胁迫状态实验观察，同时结合模型模拟不同程度干旱下观测参数的变化，刻画不同放牧强度下牧草生长对干旱响应的敏感程度，剖析水分胁迫-牧草-载畜量-牧业干旱胁迫压力的动态传递过程，刻画干旱对牧草生长和牧业的影响过程与机理。

（2）基于牧草生长过程的牧业旱灾损失定量评估。通过正常年多年平均牧草产量确定干旱对内蒙古牧区牧草产量的影响，借鉴牧草-载畜量的定量转换和等效代换原理评估干旱对内蒙古牧区载畜量的影响，系统刻画损失的羊单位数量，再根据羊单位的市场价格等经济资料确定牧业旱灾经济损失，并根据微积分思想构建牧业旱灾损失动态评估模型。具体研究内容包括以下3个方面。

1）建立栅格气象、地形、土壤植被和多年放牧强度等空间数据集，基于正常年多年平均法，定量评估不同放牧强度下典型干旱事件造成的牧草产量变化，并对减产量评估结果进行验证。

2）在牧草损失评估的基础上，通过牧草-载畜量的定量转换和等效代换原理评估典型干旱事件对内蒙古牧区载畜量的定量影响，系统刻画牲畜死亡和掉膘等非死亡隐形损失，并折算为相应的羊单位损失量，再根据羊单位的市场价格量化干旱对牧业的全面影响，得到更为真实的牧业旱灾经济损失量。

3）在剖析水分胁迫-牧草-载畜量-牧业干旱胁迫压力的动态传递过程的基础上，基于生态过程模型模拟放牧条件下牧草生长过程，构建基于牧草水分胁迫累进的牧业动态损失定量评估综合方法。采用微积分的思想确定在任意时间点或时间段内正常年和干旱年牧草产量和牧业产值存在的差异，以阴影面积刻画干旱事件对牧业的动态影响，基于构建牧业旱灾损失的微积分方程实现牧业损失的实时化和动态化评估。

（3）牧业旱灾损失评估区域模型构建及应用。以内蒙古牧区为研究区，在发展牧业旱灾损失定量评估方法的基础上，基于气象栅格数据集和放牧强度空间数据构建区域旱灾损失评估模型。结合收集的内蒙古羊单位旱灾损失量和牧业经济损失资料以及统计年鉴资料，评价内蒙古牧区牧业损失定量评估方法的适用性，并开展内蒙古牧业区域旱灾损失评估，揭示内蒙古牧区牧业旱灾损失时空格局的演进过程。具体研究内容包括以下 3 个方面。

1）基于收集的实地调研、放牧强度数据、牧业统计年鉴数据和历史牧业旱灾损失以及文献数据等资料，构建内蒙古旱灾损失评估模型，并系统评价内蒙古牧区牧业损失定量评估方法的适用性，采用包括时空分布一致性、误差矩阵和误差度评价。

2）建立栅格气象、地形、土壤植被和多年放牧强度等空间数据集，构建区域牧业损失评估模型，评估内蒙古牧区牧业典型旱灾经济损失（总损失和平均损失），回溯内蒙古牧区牧业旱灾真实损失的时空格局，揭示不同程度真实旱灾损失的演进过程。

3）从自然与社会经济因素两方面着手，基于站点气象资料、实地调研、牧业统计数据和历史牧业旱灾损失等资料的综合分析，剖析影响区域旱灾致灾因子危险性和牧草与牧业承灾体的主导因素，探讨不同干旱情景下减轻牧业旱灾损失的放牧强度方案。

1.4.3　本书框架

本书共分为 7 个部分，各部分研究内容安排如下。

第 1 章：绪论。主要介绍本书研究的背景与意义、当前研究进展、研究目标、研究内容和研究报告框架。

第 2 章：研究区、数据与方法。首先介绍内蒙古温带草原研究区概况；其次介绍干旱指数、生态过程模型、干旱影响评估验证所需站点和栅格气象观测数据、通量站点观测数据和文献资料数据的获取及其预处理；最后介绍干旱对草地生产力和牧业生产影响的分析方法。

第 3 章：牧业旱灾损失量化的理论方法。在牧区干旱识别和牧草产量模拟的基础上，通过正常年牧草多年平均产量确定干旱对牧草产量的影响，借鉴牧草—载畜量的定量转换和等效代换原理评估干旱对载畜量的影响，刻画损失的羊单位数量，再根据羊单位的市场价格等经济资料，基于微积分思想构建牧业旱灾损失评估动态模型。

第 4 章：牧业干旱成灾过程与机制研究。从系统理论角度出发，讨论牧业干旱成灾过程与影响机理、影响因素，提出以碳饥饿和水分胁迫理论解释干旱影响过程；依托水利部牧科所草原站综合实验基地，以野外人工牧草为研究对象，基于水分控制试验，开展牧业干旱成灾过程研究。

第 5 章：牧草生产力干旱影响定量评估模型构建。基于 Biome－BGC 模型和 SPI (Standardized Precipitation Index，标准化降水指数）干旱指数，识别不同等级的干旱事件，同时模拟干旱事件造成的牧草生产力变化情况，采用相关分析法和回归分析法构建干旱对不同草地类型生产力影响的定量评估模型和牧业干旱影响过程分析，为进一步开展牧业旱灾影响分析奠定基础。

第 6 章：典型干旱事件牧业损失评估。在识别和分析典型干旱事件的基础上，采用构建牧业旱灾损失评估动态模型定量中等干旱、严重干旱和极端干旱 3 种典型干旱事件对牧草产量、羊单位和牧业产值造成的影响，并结合旱灾损失调研资料评价该方法的适用性。

第 7 章：结论、特色与创新。简要总结本书的研究结论，并就本书的特色和创新之处进行简单的归纳。

第2章

研究区、数据与方法

草地约占地球陆表面积的40.5%，存储了约34%的陆地生态系统碳储量，为人类生存和发展提供了重要的生态环境和物质保障（Allaby，2009；Kemp等，2013）。内蒙古草原位于生态脆弱带上，对气候和环境的变化反应十分敏感（Hagman等，1984；Niu等，2008）。内蒙古草地生态系统比较容易遭受干旱的干扰和影响，是研究干旱对草地生态系统和牧业生产影响的理想场所。

2.1 研究区概况

内蒙古草原是中国北方温带草原的主体，其中天然草地面积8666.7万hm^2，约占中国草原总面积的25%。内蒙古草原辽阔无际，自东向西主要有呼伦贝尔草原、科尔沁草原等草甸草原，锡林郭勒草原、乌兰察布草原等典型草原以及鄂尔多斯半荒漠草原和阿拉善的荒漠草原，覆盖了内蒙古自治区土地面积的67.5%，是中国最大的天然牧场之一，在中国草地及畜牧业生产中占有极为重要的地位，对维持区域发展及生态平衡具有重要意义（陈辰等，2012）。本章简要介绍内蒙古自治区的地理位置与地形地貌、气候概况、水文条件、土壤与植被状况和干旱概况。

2.1.1 地理位置与地形地貌

内蒙古草原地处欧亚大陆草原带中部（东经97°12′～126°04′，北纬37°24′～53°23′），位于中国北部边陲，南北长度约为1700km，东西长度约为2400km，总面积约为118.3万km^2，占中国国土土地面积的12.3%，居全国第三位；北接蒙古、俄罗斯，东、南、西方向主要与黑龙江、吉林、辽宁、河北、山西、陕西、宁夏和甘肃8省（自治区）毗邻，靠近京津地区，地理位置十分重要。

内蒙古高原是中国第二大高原，大部分地区海拔高度在1000m以上，地势西高东低，南高北低。地形地貌由东向西或从南向北呈现平原、山地与高平原接壤镶嵌排列的带状分布，反映出大地构造形迹，并影响水热条件在地表的再分配，导致自然条件和资源独具特点。它东至大兴安岭和苏克斜鲁山，中部由阴山山脉与贺兰山接连形成一条弧形山脉，西至马鬃山，南临祁连山麓和长城，这条山脉成为内蒙古一条重要的天然界线。内蒙古自治区地势坦荡，由呼伦贝尔高原、锡林郭勒高原和鄂尔多斯高原以及嫩江西岸平原、西辽河平原、河套平原等组成。

2.1.2 气候特征

内蒙古自治区横跨半湿润、半干旱和干旱3个气候区，属于典型的温带大陆性季风气候。从空间分布上看，温度呈现从西南向东北递减的趋势，降水却呈现从西南向东北递增的趋势，干旱程度逐渐减弱（Lal，1995）。全区年均温为－5～9℃，年降水量为150～500mm。从时间分布上来看，内蒙古自治区冬春少雨雪，降水集中在5—9月，降水变率大。内蒙古地处高中纬度区，大部分地区远离海洋，地势高燥，气温年际变化显著，温差大。

2.1.3 水文条件

内蒙古草原属内陆流域，共有大小河流1000余条，无较大河流，河流短小、稀少，流域范围较小，水资源相对缺乏。内陆河多为间歇性河流，雨季河水相对增加甚至有洪流，非雨季相对干枯。内蒙古高原是中国湖泊较多的地区之一，湖面大于50 km^2 的有10个。常年有水的湖泊湖水浅，面积小，或为雨季湖。面积在500km^2 以上的湖泊仅有达赉湖和贝尔湖。根据全区第二次水资源规划报告，内蒙古河水资源总量约为545.95亿 m^3，地下水总量超过230亿 m^3，其中地表水可利用量169.69亿 m^3，地下水可开采量120.69亿 m^3（李晶，2010）。内蒙古水资源82%在东部，西部地区比较缺水。

2.1.4 土壤植被状况

草地是内蒙古主要的天然植被。受地貌、气候、土壤等自然因素的影响，内蒙古草原具有明显的地带性，从东到西相应分布着温带草甸草原、温带草原和温带荒漠草原等草地类型，相应地分布着黑钙土、栗钙土和棕钙土3种土壤类型（马文红等，2008）。其中，草甸草原集中分布在东部大兴安岭山麓的半湿润区，约占内蒙古草地总面积的11%，年降雨量300～600mm，年平均温度2～5℃（Sui和Zhou，2013），以多年生旱生、中旱生植物为主，主要优势植物有贝加尔针茅（*Stipa baicalensis*）、线叶菊（*Filifolium sibiricum*）、羊草（*Leymus chinensis*），返青期在5月初，9月中下旬枯落（莫志鸿等，2012）。典型草原位于大兴安岭东南部，呼伦贝尔西部、锡林郭勒中部以及阴山以南的中东部地区，约占内蒙古天然草地总面积的35%，年降雨量200～400mm，年平均温度0～8℃（Sui和Zhou，2013），主要由典型的旱生性多年生草本植物组成，优势物种包括大针茅（*S. grandis*）、克氏针茅（*S. kryovii*）、羊草（*Leymus chinensis*）、本氏针茅（*S. bungeana*）等，生长季从4月底至10月初，约150 d（齐玉春等，2005）。而荒漠草原主要分布在锡林郭勒西部至鄂尔多斯台地西缘以及阿拉善高原，约占内蒙古草地总面积的11%，年降水量0～200mm，年平均温度5～10℃（Sui和Zhou，2013），主要由旱生性更强的多年生矮小草本植物组成，其主要优势种为小针茅（*S. klemenzii*）、沙生针茅（*S. glareosa*）、短花针茅（*S. breviflora*）等（廖国藩等，1996；马文红等，2008），生长季为5—9月（莫志鸿等，2012）。

2.1.5 干旱特征

内蒙古高原位于东亚季风气候区和大陆性气候区的边缘，同时受东亚季风和西风环流的影响（张美杰，2012）。冬春季受西伯利亚—蒙古高压的影响，寒冷干燥；夏季受东亚季风的控制，高温多雨，雨热同期，而且区域降水量的大小受夏季风的起始时间、强度以及持续时间等要素的控制。因此，内蒙古地区具有年际变化剧烈、区域差异显著、时空分布不均衡的降水特征。在降水少、水资源相对贫乏、自然植被状况差、多风天气、辐射强、热量高、蒸发剧烈等及大气环境异常等多种因素的综合影响下，干旱成为当地草地生态系统的主要威胁（张美杰，2012）。

内蒙古温带草原 80%以上的区域处于干旱和半干旱区，干旱强度大且较为频繁，持续时间长、影响范围大（伏玉玲等，2006b），对内蒙古草原生态系统碳循环产生了严重的影响（陈佐忠等，2003；李兴华等，2014）。根据《内蒙古水旱灾害》记载，500 多年来，内蒙古干旱频发。近年来，受气候变化的影响，内蒙古的干旱灾害发生得更加频繁，周期缩短，持续时间长，灾情重（刘春晖，2013）。内蒙古中西部的干旱频率高于东部且明显向东扩展，呈现"十年九旱""三年两中旱""五年一大旱"的特征，相比东部具有"三年两旱""七年一大旱"的特征，全区域性大旱每十年发生一次（张美杰，2012）。由于春季降水量占年降水量的 12%左右，不能满足植被的生长需要，几乎每年都要发生春季干旱（李晶，2010）。历史上，1962 年、1965 年、1980 年、1982 年、1997 年、1999 年都是比较严重的干旱年（张美杰，2012）。2000 年以来，内蒙古草原连续 10 年都有干旱出现，其中 2003 年和 2009 年的干旱最为严重。内蒙古常常发生连旱，内蒙古大部分地区出现 2～5 年以上连续干旱，详情见表 2-1（李晶，2010；张美杰，2012）。2016 年内蒙古发生严重干旱，造成了较大的牧业生产损失。因此，内蒙古草原是研究真实干旱事件影响的理想场地。

表 2-1 1950—2016 年间内蒙古地区连续干旱年表

连续干旱年数	2 年	3 年	4 年	5 年
发生年度	1951—1952	1963—1965	1953—1956	
	2003—2004	1999—2001	1965—1968	
			1980—1983	1971—1975
			1986—1989	
	2006—2007			

2.2 数据及预处理

本书基于生态过程模型和 SPI 干旱监测指数开展干旱对内蒙古草地生产力影响的定量评估研究，研究所需的数据详见表 2-2。

表 2-2 研究所用数据列表

数据名称	数据内容	用途	来源
气象数据	1960—2012 年日值气象数据（日最高温度、最低温度、平均温度、降水量、平均水汽压差、平均短波辐射通量密度和昼长）；1961—2012 栅格日和月值数据（0.25℃×0.25℃）	模型驱动和 SPI 计算	中国气象科学数据共享服务网（http：//cdc.cma.gov.cn）
土壤属性数据	土壤沙粒和黏粒含量，有效土壤深度	模型驱动	中国西部寒区旱区科学数据共享中心（http：//westdc.westgis.ac.c/）
植被类型数据	中国 1∶100 万植被数据中的温带草甸、典型和荒漠草原类型	模型驱动	地球系统科学数据共享网（http：//www.geodata.cn/）
氮沉降数据	1980—2010 中国氮沉降水平数据	模型驱动	文献资料（莫兴国等，2004）
CO_2 浓度数据	1959—2011 全球 CO_2 浓度年值	模型驱动	NOAA - ESRL annual data（ftp：//ftp.cmdl.noaa.gov/ccg/co2/trends/co2 _ annmean _ mlo.txt）
通量观测数据	GPP(Gross Primary Productivity，总初级生产力)、Re(Ecosystem Respiration，生态系统呼吸)、NEE(Net Ecosystem Exchange，净生态系统碳交换量)、ET(Evapotranspiration，地表蒸散)	模型校准与验证	ChinaFLUX、COIRAS、文献资料（Sui 和 Zhou，2013）
实测和文献数据	NPP(Net Primary Productivity，净初级生产力)月、年值；生物量数据	模型校准与验证；评估结果验证	内蒙古牧业气象站（陈佐忠等，2003；李晶，2010）、橡树岭实验室、文献资料（徐新创等，2011）
生理生态参数	叶片碳氮比、叶和根凋落物中易分解物质、纤维素、木质素比例、SLA(Specific Leaf Area，比叶面积)、最大气孔导度等参数	模型校准	文献（欧阳惠，2001；宋桂英等，2007）

2.2.1 气象数据

生态过程模型所需的气象数据以每日为单位，包括最高温度（T_{max},℃）、最低温度（T_{min},℃）、平均温度（T_{avg},℃）、降水量（*Prcp*，cm）、饱和水蒸气压差（*VPD*，Pa）、短波辐射通量密度（*Srad*，W/m^2）、日照长度（*Daylen*，s）。SPI 指数计算需要月值的降雨量数据。1961—2012 年栅格日和月值数据分别用于驱动生态过程模型和 SPI 干旱监测指数。

本书所需的内蒙古草原各站点 1960—2009 年日值气象数据来源于中国气象科学数据共享服务网（http：//cdc.cma.gov.cn）。首先对数据的连续性情况进行检查，删除不完整或缺测比较严重的站点，经过筛选合格站点总共有 40 个。由于日值气象数据中无短波辐射通量密度和日照长度数据，这些气象要素则由 Biome - BGC 自带的山地小气候模拟模型（Mountain Micmclimate Simulation Model，MT - CLIM）进行时间和空间上的推算（Dai，2011）。MT - CLIM 模型只需输入日降雨量、日最高气温、日最低气温便可模拟日尺度的平均气温、短波辐射通量密度和日照长度数据，在全球范围得到广泛应用（Lackner 等，2013；Lauenroth 和 Sala，1992）。温度主要影响植被生理与物理反应速率，如光合作用、分解过程、维持性呼吸与蒸发散作用。根据 T_{max}、T_{min}、T_{avg}，Biome - BGC 按照式（2 - 1）和式（2 - 2）进行白天均温（T_{day}）、夜间均温（T_{night}）的计算为

$$T_{day}=0.45(T_{max}-T_{min})+T_{max} \tag{2-1}$$

$$T_{night}=\frac{T_{day}+T_{min}}{2} \tag{2-2}$$

降水量（Precipitation）包括降雨与降雪，用于计算植物的截留与进入土壤的水量、土壤水势能。土壤水势能影响气孔导度的大小，进而左右蒸散作用与光合作用的速率。饱和水蒸气压差（Vapor Pressure Deficit，VPD）是指目前空气的实际水蒸气压与相同温度下的饱和水蒸气压之间的差。饱和水蒸气压（VPD_{sat}，Pa）随当时的温度（T,℃）而变动，空气实际的水蒸气压（VPD_{air}，Pa）则可由相对湿度（RH）与饱和水蒸气压按照式（2 - 3）和式（2 - 4）计算为

$$VPD_{sat}=0.61078\exp\left(\frac{17.269T}{237.3+T}\right)\times 1000 \tag{2-3}$$

$$VPD_{air}=RH\cdot VPD_{sat} \tag{2-4}$$

VPD 较大，表示空气中尚能容纳较多的水蒸气，有利于蒸发作用。对植物而言，VPD 过大，表示空气非常干燥，植物为避免因蒸散作用流失过多水分，会倾向缩小气孔，而气孔同时也是 CO_2 进出的通道，从而影响植物的固碳能力。

短波辐射是指波长为 300～3000nm 的太阳辐射，在 Biome - BGC 模型中，它是驱动系统中物质流动的能量，与碳、水的收支关系密切。来自太阳的短波辐射（Daylight Average Shortwave Flux，RS，W/m^2）照射到地表，一部分会被地表物质反射，反射的比率称为反照率（Albedo，α）；剩余的部分进入生态系统中。当辐射通过冠层时，会被冠层吸收，若将冠层视为均质环境，则可以比尔定律按照式（2 - 5）和式（2 - 6）来计算被冠层所吸收的辐射量。

$$R_{st}=R_s(1-\alpha) \tag{2-5}$$

$$R_{sc}=R_{st}[1-\exp(-k_{light}L_p] \tag{2-6}$$

式中　R_{st}——进入生态系统中的短波辐射；

R_{sc}——被冠层所吸收的辐射量；

k_{light}——光衰减系数；

L_p——投影叶面积指数（Projected Leaf Area Index），意指单位土地面积上植物的总叶面积。

在 Biome - BGC 模型中，光补偿点是刻画植物作用环境的一个量值，与植被类型关系密切，是气孔开合、蒸腾、净光合作用为正的临界点。由它确定的日长一般为日出到日落时间段的 85%。

同时，本书采用的 1961—2012 年栅格气象数据来自中国气象局。该数据集基于中国 2400 余个中国地面气象台站的观测资料，通过 ANUSPLIN 软件插值使用薄板样条方法构建的一套 0.25°×0.25°经纬度分辨率的格点化数据集（CN05.1），包括日均、最高和最低

气温、降水4个气象要素（Weaver，1950；Wilhite等，2007）。这是国内目前比较好的一套气象数据集，插值精度高，可靠性较好。同时由于本书的研究区下垫面相对比较均一，尽管数据集空间分辨率低，但依然能够满足本书的研究目标。

2.2.2 土壤数据

本书采用的土壤属性数据来源于西部寒区旱区数据共享平台生产的中国土壤数据集（v1.1），其中沙粒、粉粒和黏粒以及土壤深度见表2-3。土壤数据集是数据基于联合国粮食及农业组织（Food and Agriculture Organization of the United Nations，FAO）和维也纳国际应用系统分析研究所（International Institute for Applied System Analysis，IIASA）建立的世界土壤数据库（Harmonized World Soil Database，HWSD）以及第二次全国土地调查南京土壤所提供的1∶100万土壤数据进行构建的。数据为grid栅格格式，采用的土壤分类系统主要为FAO-90。土壤属性数据能够为模型提供输入参数，进而为研究气候变化等对生态系统的影响提出基础。

表2-3　　中国土壤属性数据详情信息

项目	代码	单位	项目	代码	单位
土壤参考深度	REF_DEPTH	cm	粉粒含量	T_SILT	%
沙粒含量	T_SAND	%	黏粒含量	T_CLAY	%

2.2.3 植被类型数据

本书使用的植被类型数据来自于地球系统科学数据共享网的中国1∶100万植被数据集。本数据集由著名的植被生态学家侯学煜院士主编，中国科学院、相关部委及各省区相关部门、高等院校等53个单位共同编制的《1∶1 000 000中国植被图集》，是目前中国植被分布状况比较准确的数据。本书从该数据集中提取的内蒙古草甸草原、典型草原和荒漠草原的分布情况。

2.2.4 通量观测数据

通量观测实验是目前研究碳水循环比较流行的手段之一。目前，中国的通量观测网主要有中国生态系统定位观测研究网络（ChinaFLUX）、中国北方干旱半干旱区协同观测数据库（COIRAS）以及其他单位的实验观测站点。通量观测站以微气象学的涡度相关技术和箱式/气相色谱法为主要技术手段，对森林、草地、湿地、农田等不同陆地生态系统与大气间CO_2、水汽、能量通量的日、季节、年际变化进行长期固定观测研究的网络点。本书使用的通量站点主要分布在内蒙古草原，站点信息见表2-4。

通量观测站主要有通榆站（草甸草原）、锡林浩特站和锡林郭勒站（典型草原）和苏尼特左旗站（荒漠草原）。通榆站隶属于北方干旱半干旱地区协同观测网，由中国科学院大气物理研究所东亚区域气候环境重点实验室等单位共同建立的人类活动、地-气交换、陆地生态系统、大气成分、大气边界层过程长期定位观测站，主要研究土地利用和水资源利用对区域能量和水分循环的影响，为北方干旱化形成机理、趋势预测、影响评估和对策

表 2-4　通量站点及实验站点数据详情

草地类型	站点名	站点位置	高程/m	时间尺度/年	数据来源	用途
草甸草原	通榆站	44°42′N，122°87′E	184.00	2004—2007	COIRAS	校准模型
	兴安盟站	46°10′N，123°00′E	191.00	1981—1990	美国橡树岭国家实验室（Oak Ridge National Laboratory，ORNL）	干旱评估结果验证
	海拉尔站	49°22′N，119°75′E	610.20	1989—2005	文献生物量（Zeng 等，2005）	校准模型
典型草原	锡林浩特站	43°55′N，116°67′E	1125.00	2003—2007	ChinaFLUX 和文献资料（Hao 等，2010；Wu 等，2008；王永芬等，2008）	校准模型
	锡林郭勒站	43°63′N，116°70′E	1100.00	2004—2005	ChinaFLUX 和文献资料（徐新创等，2011）	干旱评估结果验证
	锡林浩特	43°72′N，116°63′E	1200.00	1980—1989	美国橡树岭国家实验室	干旱评估结果验证
	锡林浩特生物量	43°95′N，116°12′E	1063.00	1982—2006	文献生物量（Zeng 等，2005）	干旱评估结果验证
荒漠草原	苏尼特左旗站	44°08′N，113°57′E	970.00	2008—2009	COIRAS 和文献资料（Yang 等，2011；Zhang 等，2012a）	校准模型
	达茂旗试验点	42°09′N，110°61′E	1210.00	1983—1994	中国草地资源信息系统实测数据	干旱评估结果验证
	乌拉特中旗生物量	41°56′N，08°52′E	1288.00	1980—2006	文献生物量（Zeng 等，2005）	校准模型

研究提供第一手的科学观测依据。通榆站位于吉林省白城市通榆县新华镇内（44°25′ N，122°52′ E），实验区地形开阔平坦。实验区建立针对半干旱区农田和退化草地生态系统的 2 个观测点。其中退化草地站占地 800 多亩，代表了草甸草原植被类型（王超，2006）。锡林浩特站和锡林郭勒站属于中国陆地生态系统通量观测研究网络。锡林浩特观测站位于锡林浩特国家气候观象台野外实验研究基地（44°08′N，116°18′E），地势平坦开阔。锡林郭勒站位于内蒙古自治区锡林郭勒盟白音锡勒牧场，中国科学院内蒙古草原生态系统定位研究站长期围封的羊草样地（43°32′N，116°40′E）属于中国生态研究网络（CERN）及中国科学院内蒙古草原生态系统定位研究站，该站代表了内蒙古温性典型草原中羊草草原生态类型。苏尼特左旗站（44°05′N，113°34′E）又称东苏站，也隶属于北方干旱半干旱地区协同观测网，位于苏尼特左旗县，自 2007 年开始禁牧，草地植被高度一般为 0.20～0.35m，是温带荒漠化草原的代表站（Yang 和 Zhou，2013）。

2.3　方法

本书采用通量观测、野外测量技术和生态模型等多种手段有机结合，研究干旱对草原生态系统碳循环的影响。通量观测数据与生态过程模型相结合进行估算不同时空尺度碳水通量，已经成为一种研究宏观生态学的重要方法并被广泛接受，它可以实现地区和全球尺度上对草原碳通量、碳储量的研究。

生态系统模型是碳循环研究的重要手段，不仅能够反映碳循环特征的连续变化，而且有着完整的理论框架和严谨的结构，能较真实地揭示植被的生理生态过程及其与环境因子相互作用的机制。作为大尺度碳通量估计的有效途径，生态系统模型已经在碳循环的研究中发挥了重要作用。

本书采用 NPP 作为草地对干旱响应的生产力评价指标，它也是牧草产量的衡量指标。NPP 是研究陆地生态系统过程的关键敏感参数，它不仅反映了绿色植被在自然条件下的生产能力大小及陆地生态系统处于胁迫下的健康情况，还可以用来测评陆地生态系统的可持续性力强弱（Han 等，2008；Kreft 等，2014）。同时，它还是判断陆地生态系统碳源、碳汇以及调控生态系统过程的主要因子，在全球碳平衡中扮演极为重要的角色（Piao 等，2009；Zhao 和 Running，2010）。NPP 在一定程度上代表着总生态系统服务价值，生态系统与气候、土壤等外界环境因子之间的综合体现。因此，它是衡量植物生长总量和健康的适宜指标（Costanza 等，2006）。

2.3.1 干旱识别

标准化降水指数（SPI）被用于干旱的识别，是由 McKee 等于 1993 年开发的气象干旱指数。SPI 对短期降水比 PDSI 更敏感，可更好地监测土壤湿度的变化，对干旱的发生反应灵敏能较早地识别干旱，具有良好的空间标准化。干旱等级划分标准具有气候意义，不同时段、不同地区都适宜，具有较好的时空适应性，已被广泛使用（Sheffield 和 Wood，2007；Sheffield 等，2012）。Guttman 对 PDSI 和 SPI 进行比较，同时还分析了帕尔默水文干旱指数（Palmer Hydrologic Drought Index，PHDI）的敏感性（Guttman，1998）。与其他干旱指数相比，SPI 能够更好地刻画干旱的严重性（Keyantash 和 Dracup，2002）。袁文平等认为 SPI 优于 Z 指数，能够有效地反映各个区域和各个时段的旱涝状况（袁文平和周广胜，2004a）。为了保证计算的精度，SPI 在计算时需要输入 30 年以上的月降水量时间序列，可以计算 1 个月、3 个月、6 个月等短时间尺度，也可计算 12 个月、24 个月、48 个月等长时间尺度，相应地刻画不同时间尺度的干旱便于监测短期的土壤湿度状况（2 个月或 3 个月尺度 SPI）、长期的水资源状况，如地下水、径流、湖泊和水库的水位等。SPI 详细的描述和计算请参考 Lloyd－Hughes and Saunders 的论文，适于定量刻画大部分干旱事件，包括气象、农业和水文干旱（Bolt 等，2013）。由于降水是内蒙古草原植被生长的主要控制因子（李晶，2010；李兴华等，2012；李忆平等，2014）。同时，GCTE 研究中所指的干旱是指基于气象学角度的干旱对陆地生态系统的影响（Lesnoff 等，2012）。本书的研究目标是对干旱的影响进行评估，而不是对干旱本身进行准确监测。因此，本书选用表现出色的 SPI 进行干旱识别，而未选择基于 SPI 改进的标准化降水蒸散指数（Standardized Precipitation Evapotranspiration Index，SPEI）（刘春晖，2013）。Ji 和 Peters 采用 SPI 和 NDVI 对美国大草原干旱影响进行评估，发现 3 个月尺度 SPI 和 NDVI 的相关性最好（Shi 等，2016）。Lotsch 等发现 4～6 个月尺度的 SPI 比较适合草地生长季干旱状况的分析（Scheffer 等，2001）。本书采用 1 个月、3 个月、6 个月、

12 个月尺度的 SPI 分别表示短期、季节、生长季和年尺度的干旱状况（Chen 等，2012）。其中 SPI 的干旱等级划分见表 2－5（Hayes，2006；Łabędzki，2007；McKee 等，1993）。

表 2－5　SPI 值干旱等级划分表

SPI 值	等　级	SPI 值	等　级
SPI≥2.0	极度潮湿	－1.0＜SPI≤0	轻度干旱（接近正常）
1.5≤SPI＜2.0	严重潮湿	－1.5＜ SPI ≤－1.0	中度干旱
1.0≤SPI＜1.5	中度潮湿	－2.0＜ SPI ≤－1.5	严重干旱
0≤SPI＜1.0	轻度潮湿（接近正常）	SPI ≤－2.0	极度干旱

2.3.2　模型介绍

Biome－BGC 模型以气候、土壤和植被类型作为输入数据，空间上可以模拟从 $1m^2$ 到区域乃至全球的任何尺度，时间上可以模拟生态系统变量的日值数据到 NPP 等参数的年值数据，已在全球广泛应用。Biome－BGC 模型是从森林动力学模型发展而来的，以光合反应和土壤水分平衡为基础，计算光合作用强度和初级生产力。模拟以日为步长，将生态系统划分为 4 个碳库，强调水分循环和水分可用性对于碳的吸收和贮存的控制作用，考虑了土壤温度、含水量和枝叶脱落物木质素含量对有机质分解带来的影响，模型机理比较完善，比较适合研究干旱对碳循环的影响（Lau 和 Lennon，2012）。模拟尺度多样化，输出形式灵活，比较适合尺度区域的碳循环模拟。Mu 等基于过程 Biome－BGC 估算了气候变化和大气 CO_2 浓度升高对中国陆地生态系统碳循环的影响（Mu 等，2008）。王超等利用 Biome－BGC 模型模拟了通榆草地的潜热通量，与实测值对比分析发现结果比较一致（王超等，2006）。董明伟等基于 Biome－BGC 模型模拟了锡林郭勒河流 4 个典型群落（羊草、大针茅、贝加尔针茅、克氏针茅群落）对气候变化的响应，识别了降水是控制该地区 NPP 变化的决定因子（董明伟等，2007），同时结合降水控制模拟实验，发现 Biome－BGC 模型表现优异。因此，本书选择 Biome－BGC 模型刻画草地生产力对干旱的响应。

基于能量与物质守恒原理，Biome－BGC 主要模拟进入生态系统的能量、碳、氮、水等物质在生态系统中的流动与循环过程。通过进入与离开生态系统的能量及物质相减，计算留在系统当中的部分。这部分能量与物质经由植被的生理与生态过程，分配至不同存量库（Pools）中，同时由通量（Fluxes）相互联系各个存量库。太阳的短波辐射是驱动整个生态过程的能量源，通过反照率与比尔定律进行计算冠层所吸收的辐射量。水分包括降雨与降雪，进入生态系后存储在雪堆、土壤及冠层之中，通过蒸发、蒸散、径流与渗流形式离开生态系统，以 Penman－Monteith equation 分别估算蒸发与蒸散量。碳与氮则涉及植物的光合作用能力、生长与分解过程。Biome－BGC 将冠层分为阳叶与阴叶两部分，以 Farquhar 光合作用模拟光合作用，所获的碳先用于自养呼吸，其次利用生长速率差异将碳分配到植被各个生长部位，如图 2－1 所示。Biome－BGC 基于不同的植被功能型模拟不同生态系统的能量与物质循环过程，具有模拟木本或非木本（C3/C4 草）、常绿或落叶、针叶或阔叶的能力。下面介绍与本文书究内容密切相关的模型模拟过程机理（刘钰

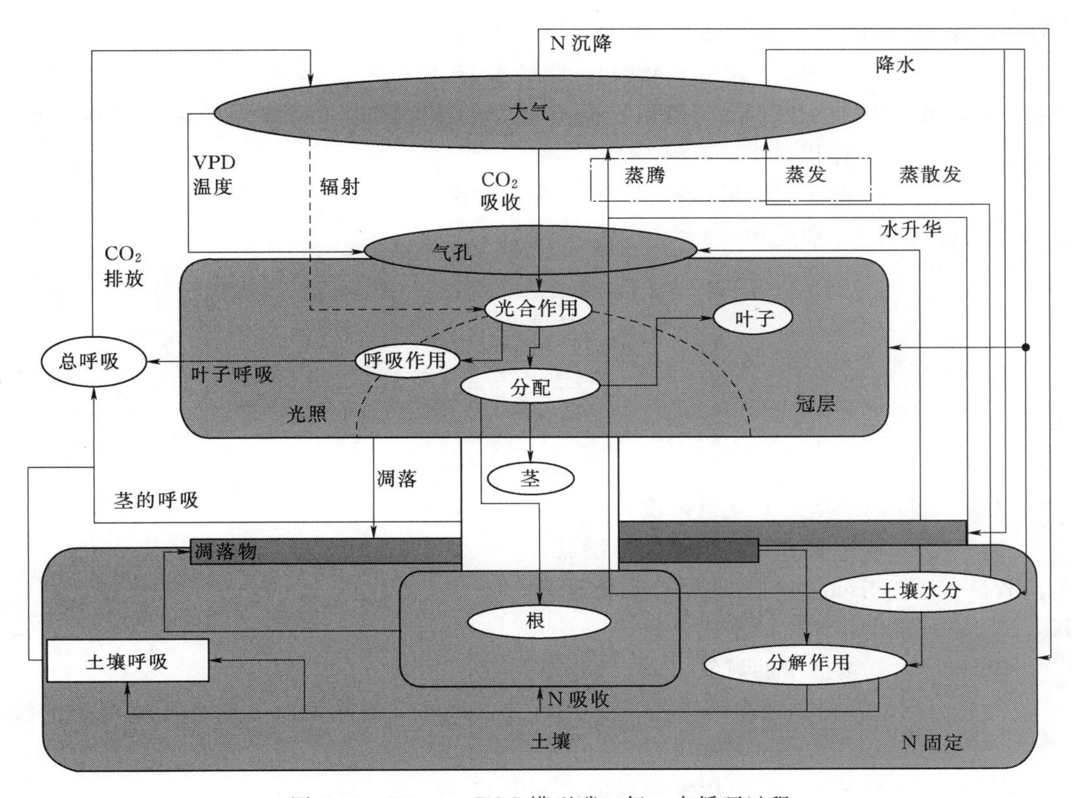

图 2-1 Biome-BGC 模型碳、氮、水循环过程

等，2009)。通常，Biome-BGC 模型的运行需要初始化文件（Initialization File)、气象数据文件（Meteorological Data File）和生理生态参数 3 个输入文件（Input Files)。这些文件必须严格按照特定的格式进行文件组织，Biome-BGC 模型的输入和输出参数见表 2-6。

表 2-6　Biome-BGC 模型的输入和输出参数

输入数据	内　容	空间分辨率	时间分辨率	输出结果
气象数据	日最高、最低和平均气温、降水量、水汽压亏缺、短波辐射和日长	从立地尺度到区域全球尺度	日—月—年	最大叶面积指数、年蒸散量、年径流量、年净初级生产力、年净生物群区生产力
站点初始化	研究站点经纬度、海拔、土壤有效深度、质地组成、大气中 CO_2 浓度、植被类型以及对输入输出文件的设定等			
生理生态参数	包括 44 个参数，如叶片 C、N 比，细根 C、N 比以及气孔导度、冠层消光系数、冠层比叶面积、叶组织羧化酶中氮的百分含量			

1. 碳通量模拟过程

(1) 光合作用。Biome-BGC 模型光合作用计算采用 Farquhar 模型。Farquhar 模型广泛应用于叶片 CO_2 光合作用的模拟，该模型基于羧化和电子传递两个基本的光合作用过程，利用两种不同限制条件来描述植物叶的瞬时光合作用速率。计算 CO_2 同化速率时，

叶的暗呼吸需要扣除，具体见式（2-7）

$$A=\min(A_c,A_j)-R_d \tag{2-7}$$

式中　A_c、A_j——由Rubisco活性限制的光合作用速率和由RuBP再生速率限制的光合作用速率；

R_d——除了光合呼吸外的CO_2同化速率。

A_j、A_c和R_d分别见式（2-8）～式（2-10）

$$A_j=J\frac{C_i-\tau}{4.5C_i+10.5\tau} \tag{2-8}$$

$$A_c=W_m\frac{C_i-\tau}{C_i+K_c(1+O_2/K_0)} \tag{2-9}$$

$$W_m=\frac{f_{act}f_{lnr}}{f_{nr}L_sS_l} \tag{2-10}$$

式中　C_i——叶肉细胞二氧化碳浓度；

τ——无暗呼吸时二氧化碳的补偿点；

W_m——Rubisco饱和时的最大羧化速率；

K_c、K_0——羧化和氧化的米氏系数，Pa；

O_2——大气浓度中的氧气，Pa；

J——RuBP再生速率，它是当RuBP饱和时每单位叶面积上最大羧化率的函数，$\mu molCO_2/(m^2s)$；

f_{act}——有关Rubisco活化酶的函数，$molCO_2/(g\ Rubisco/s)$；

f_{lnr}——总的叶氮中Rubisco活化酶所占的比例，g NRubisco/(g Nleaf)；

f_{nr}——Rubisco活化酶分子氮的权重，g NRubisco/(g Rubisco)；

L_s——比叶面积；

S_l——叶子的碳氮比。

净光合作用速率也可以用式（2-11）描述为

$$A=(C_a-C_i)G_s \tag{2-11}$$

式中　C_a——大气CO_2浓度；

C_j——叶肉细胞CO_2浓度；

G_s——CO_2从大气进入叶子的导度。

（2）呼吸作用。植物的呼吸作用包括自养呼吸和异养呼吸，其中自养呼吸又包括维持呼吸和生长呼吸两个部分。自养呼吸（又称植物呼吸）是陆地植物为了维持自身生长发育、完成生活史所必须进行的呼吸作用。它具有两方面的作用：一是为植物代谢过程与生命活动提供能量，二是为植物体内有机大分子化合物合成提供原料。维持呼吸可细分为叶（RM_l）、茎（RM_s）、根（RM_r）三部分，见式（2-12）

$$RM=RM_l+RM_s+RM_r \tag{2-12}$$

叶的维持呼吸分C3植物和C4植物两种情形分别计算，见式（2-13）

$$RM_l=\begin{cases}0.015V_{max} & (C3)\\ 0.025V_{max} & (C4)\end{cases} \tag{2-13}$$

式中 V_{max}——依赖温度的酶促反应最大速率；

$C3$——碳三植物；

$C4$——碳四植物。

茎和根部的维持呼吸是该组织部分 N 含量和温度的函数，组织部分的 N 含量依据组织部分的 C 含量和 C∶N 的比值，按照式（2-14）～式（2-16）计算，即

$$RM_s=0.218C_s f_{20}(Q_{10})/S_s \tag{2-14}$$

$$RM_r=0.218C_r f_{20}(Q_{10})/S_r \tag{2-15}$$

$$f_{20}(Q_{10})=Q_{10}(T-T_s)/10 \tag{2-16}$$

式中 C_s、C_r——茎和根的 C 含量；

S_s、S_r——茎和根的 C∶N 比值；

Q_{10}——温度敏感因子；

T_s——参考温度；

T——相应组织部分的温度。

Biome-BGC 模式中，生长呼吸被简化为总光合的线性函数，见式（2-17），即

$$RG=\gamma GPP \tag{2-17}$$

式中 RG——生长呼吸；

γ——生长呼吸占总光和的比例；

GPP——总光合量。

异养呼吸指在陆地生态系统中，在土壤微生物和小动物参与下，土壤表面枯落物和土壤有机物氧化分解释放出 CO_2 的过程。在 Biome-BGC 模型中只考虑温度效应 $e(T_0,T)$ 和土壤湿度效应 $h(W_S)$，见式（2-18），即

$$R_\beta=r_0 e(T_0,T)h(W_S)C_\beta \tag{2-18}$$

式中 R_β——异养呼吸；

r_0——土壤水分最适时土壤库的相对呼吸速率，1/d；

T_0——参考温度，℃；

T——土壤温度，℃；

W_S——土壤含水量，cm；

C_β——该部分土壤的碳库量，gC/m^2。

（3）NPP 模拟。在 Biome-BGC 模型中，NPP 的模拟见式（2-19），即

$$NPP=GPP-Ra \tag{2-19}$$

式中 NPP——植被净初级生产力；

GPP——光和总量；

Ra——植被自养呼吸总和。

2. 水循环模拟

在 Biome-BGC 模型中，水经由降雨与降雪进入生态系中，贮存于雪堆、土壤及冠层当中，经由蒸发、蒸散、径流与渗流离开系统。当日均温低于 0℃时，Biome-BGC 模型会对降雪进行模拟。下面以 Biome-BGC 模型模拟降雨和降雪所带来的水分在生态系中的循环过程。

Biome－BGC 模型中，土壤潜在蒸发和植被蒸腾的计算采用了 Penman－Monteith 公式。可利用的能量被分配到植被冠层和土壤表面，被分配到冠层的能量又分为冠层截留蒸发和冠层蒸腾两部分，最终得到的蒸散值等于土壤蒸发、植被蒸发和植被蒸腾之和。

当雨水进入生态系统中，一部分被冠层截留，这部分水分经由蒸发作用离开系统或落地进入土壤中。冠层每日 W_{int} 的截留量是假设与降雨量及 L_A（双面叶面积指数）呈线性关系，如式（2－20）所示，即

$$W_{int}=\min(k_{int}W_{rain}L_A,W_{rain}) \tag{2-20}$$

式中 k_{int}——截留系数，表示每天每单位叶面积所拦截的雨量占总雨量的比例；

W_{rain}——1日的降雨。

当降雨量小于冠层截留量时，表示所有降雨都会被冠层拦截，则会有部分未被截留的雨水落入地表成为土壤水（$Q_{rainsoil}$），如式（2－21）所示，即

$$Q_{rainsoil}=W_{rain}-W_{int} \tag{2-21}$$

在 Biome－BGC 模型中，每天贮存在冠层的截留水会归零重新计算，即假设当日冠层截留的水分若未经由蒸发离开系统，便会滴落进入土壤中，而不会累积至隔天。被截留在冠层的水分可利用 Penman－Monteith 公式计算蒸发速率（E_{int}，W/m^2），如式（2－22）所示，即

$$E_{int}=\frac{\Delta R_{sc}+\rho C\dfrac{VPD}{R_{ch}}}{\Delta+\dfrac{PCR_{cv}}{\lambda 0.6219R_{ch}}} \tag{2-22}$$

式中 Δ——气压曲线斜率，Pa/℃；

R_{sc}——冠层所吸收的短波辐射量，W/m^2；

ρ——空气密度，kg/m^3；

C——空气比热，1010.0 J/(kg·℃)；

R_{ch}——空气辐射热传导阻力与冠层可感热传导阻力的并联，s/m；

VPD——饱和水蒸气压差，Pa；

P——大气压力，Pa；

R_{cv}——冠层水气传导阻力，s/m；

λ——水的蒸发潜热，J/kg。

所求得的蒸散速率分别乘以阳叶与阴叶的叶面积指数与蒸散进行的时间，加总后即为当天的冠层蒸散量。

除了降水，还有降雪对水分有影响，当平均日温度（t_{avg}）大于0℃时，R_{inc}决定降雪融化量，如式（2－23）和式（2－24）所示，即

$$Snow_{melt}=0.65t_{avg}+\frac{R_{inc}[\mathrm{kJ/(m^2\cdot d)}]}{335(\mathrm{kJ/kg})} \tag{2-23}$$

$$Snow_{sublimation}=\frac{R_{inc}[\mathrm{kJ/(m^2\cdot d)}]}{2845(\mathrm{kJ/kg})} \tag{2-24}$$

2.4 放牧模型优化及验证

2.4.1 模型参数化

Biome-BGC 模型的输入参数主要包括气象数据、站点参数和生理生态参数。本书综合全球 Biome-BGC 模型的参数化工作，对研究区草甸草原、典型草原和荒漠草原的生理生态参数尤其是关键参数进行本地化。气象数据来源于中国气象数据共享网站点和栅格数据。站点参数主要包括纬度、高程、土壤质地等，主要通过中国 DEM 数据和土壤数据集动态获取，其中不同地区的地表反照率主要通过文献资料获取。生理生态参数主要通过国内外文献、实测值和通量数据进行优化。

White 等对 Biome-BGC 模型的生理生态文件参数进行了全面详尽的敏感性分析，发现 C：N_{leaf}（叶中碳氮比）是对全部植被类型的 NPP 都有较显著影响的唯一因子（White 等，2000）。通过对文献大量调研并结合模型生理生态参数敏感性分析发现，具有高度敏感性的参数有火灾死亡率、叶片碳氮比、细根碳氮比、比叶面积指数、光衰减系数与生物固氮量（White 等，2000；杜林博斯 J. 和卡萨姆 A.，1979；刘钰等，2009；袁文平等，2014）。以典型草原为例，典型草原生理生态参数的敏感性分析如图 2-2 所示，NPP 对实验中的所有生理生态参数具有较高的敏感性，且均通过了置信度为 99%的显著性水平检验。火灾植被死亡率（FM）、新细根 C 与新叶 C 分配比例（Frcel）、细根碳氮比（C：N_{fr}）、凋落物碳氮比（C：N_{lit}）、叶片碳氮比（C：N_{leaf}）对草地 NPP 的影响逐渐降低。火灾发生率（FM）、比叶面积（SLA）、凋落物碳氮比（C：N_{lit}）、叶片碳氮比（C：N_{leaf}）和细根碳氮比（C：N_{fr}）等关键参数根据通量观测数据与文献资料数据进行参数优化，其余参数主要参考相关文献资料，比如不稳定物质、纤维素、木质素主要依据孔庆馥等编写的《中国饲用植物化学成分及营养价值表》确定（孔庆馥等，1990）。综合文献资料和敏感性分析实验，本书的 Biome-BGC 模型模拟的不同草地类型植被采用的生理生态参数情况见表 2-7。

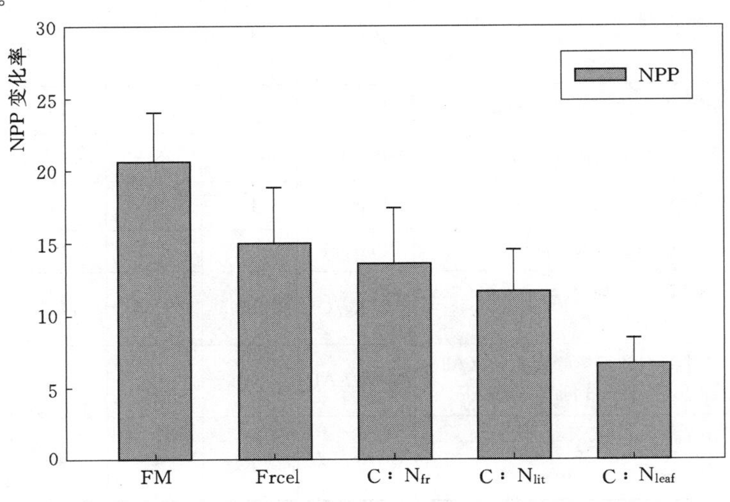

图 2-2 内蒙古站点典型草原 NPP 对不同生理生态参数的敏感性响应

表 2－7 不同草地类型植被的生理生态参数

参数	生理生态	单位	草甸草原	典型草原	荒漠草原	文献来源
周转和死亡参数（Turnover and mortality parameters）	叶片和细根年周转分数（Leaf and fine root turnover）	L/yr	1.0	1.0	1.0	White 等，2000
	火烧造成植物死亡凋落部分比例（Fire mortality）	L/yr	0.005	0.005	0.005	
	年植物总死亡凋落部分比例（Whole plant mortality）	L/yr	0.1	0.1	0.1	
分配参数（Allocation parameters）	新细根 C 与新叶 C 分配比例（New fine root C to new leaf C ratio）	kgC/(kgC)	2.0	1.5	1.62	Leavit，1998
	新茎 C 与新叶 C 分配比例（New stem C to new leaf C ratio）	kgC/(kgC)	0	0	0	
	新活木质 C 与新的总木质 C 分配比例（New live wood C to new total wood C ratio）	kgC/(kgC)	0	0	0	
	新粗根 C 与新茎 C 分配比例（New coarse root C to new stem C ratio）	kgC/(kgC)	0	0	0	
	当前生长与存储生长分配比例（Current growth proportion）	DIM	0.5	0.5	0.5	
碳氮比参数（Carbon to nitrogen parameters）	叶片 C∶N（Leaf C∶N）	kgC/(kgC)	27.22	20.21	14.01	Chang 等，2016；De Boeck 等，2011；Gibson，2009；宋桂英等，2007
	凋落物 C∶N（Litter C∶N）	kgC/(kgC)	43.6	45	41.44	
	细根 C∶N（Fine root C∶N）	kgC/(kgC)	49	50	46.36	
不稳定物质、纤维素、木质素（Labile, cellulose, and lignin parameters）	细根易分解物质比例（Fine root labile）	Percent	34	30	30	Chang 等，2016；Hufkens 等，2016；孔庆馥等，1990
	细根纤维素比例（Fine root cellulose）	Percent	44	45	45	
	细根木质比例（Fine root lignin）	Percent	22	25	25	
	易分解物质比例（Litter labile）	Percent	58.2	53.9	41	
	纤维素比例（Litter cellulose）	Percent	34.7	39.1	44	
	木质比例（Litter lignin）	Percent	7.1	6.3	15	
形态参数（Morphological parameters）	冠层比叶面积（Specific leaf area，SLA））	m^2kg/C	20.695	18.758	14.3	Gibson，2009；宋桂英等，2007
	全叶面积和投影叶面积比（All－sided to projected leaf area ratio）	LAI/LAI	2	2	2	
	阳生阴生 SLA 比（Shaded to sunlit specific leaf area ratio）	SLAS/LA	2	2	2	

续表

参数	生理生态	单位	草甸草原	典型草原	荒漠草原	文献来源
气孔导度(Conductance rates and limitations)	最大气孔导度(Maximum stomatal conductance)	m/s	0.006	0.006	0.006	
	叶面角质层导度(Cuticular conductance)	m/s	0.00006	0.00006	0.00006	
	边界层导度(Boundary layer conductance)	m/s	0.04	0.04	0.04	
	初始最大导度开始减小时的叶片水势(Leaf water potential at initial gs_{max} reduction)	MPa	−0.73	−0.73	−0.73	
气孔导度(Conductance rates and limitations)	导度减少最终为0时的叶片水势(Leaf water potential at final gs_{max} reduction)	MPa	−2.7	−2.7	−2.7	White等，2000
	导度开始减小时的水汽压亏缺(Vapor pressure deficit at initial gs_{max} reduction)	Pa	1800	1400	1250	
	导度减少最终为0时的水汽压亏缺(Vapor pressure deficit at final gs_{max} reduction)	Pa	4700	6200	5725	
其他参数(Miscellaneous parameters)	冠层水截流系数(Water interception coefficient)	1L/(AI·day)	0.021	0.021	0.021	Leitinger等，2015；White等，2000
	冠层消光系数(Light extinction coefficient)	unitless	0.6	0.48	0.48	
	酶中的叶N含量(Percent of leaf N in Rubisco)	Percent	21	21	21	
	N(干+湿)沉降率[Nitrogen (dry+wet) deposition rate]	kgN/(m^2·a)	0.00099	0.00099	0.00099	
	短波反射率(Site shortwave albedo)		0.2	0.25/0.17	0.35	

2.4.2 降水控制模拟实验

敏感性分析是探讨模型对不同输入变量的响应特征。模型的敏感性分析是模型研究的重要内容，通过敏感度分析能够发现对模拟结果影响力较大的参数，最大限度地减少高度敏感参数的输入误差，进而降低模型模拟误差及输出结果的不确定性。通常，参数的敏感性分析是指当其他条件不变时，一次变动一个参数的值，辨析改变该参数对模拟结果的影响程度，即识别参数敏感性的相对高低。因此，通过敏感性分析探讨Biome-BGC模型的输出变量对各个输入参数的敏感性，能够提高对模型的认知与理解。为了反映不同输入参数的敏感性，本书采用敏感系数（Sensitivity Index，SI）来表征模型输出变量对不同输入变量的敏感程度，见式（2-25）（Hasibeder等，2015），即

$$SI=\frac{\Delta y/y}{\Delta x/x} \tag{2-25}$$

式中　x、y——模型的输入变量和输出变量；

Δx、Δy——模型输入变量和输出变量的变化量。

本书分别假定输入变量在基准值上变化＋10%和－10%，即 $\Delta x=\pm 10\%$ x（Hasibeder 等，2015）。依敏感程度绝对值进行参数分类：$SI>0.2$，表示输出变量对此参数具有高敏感性；$0.1\geqslant SI\geqslant 0.2$，为中敏感性；$SI<0.1$，为低敏感性（刘钰等，2009）。

Biome－BGC 模型对所有的输入参数都比较敏感。Tatarinov 等探讨了 Biome－BGC 模型对样地自然属性数据会影响模型的模拟结果，如土壤有效深度、土壤质地和氮沉降（Blum，2011）。同时，有学者证明输入气象数据的差异将会影响模型对 NPP 的估算（Scott 等，2015）。在 Biome－BGC 模型中，温度主要通过酶活性影响光合作用，降水主要通过影响土壤湿度作用于光合作用和异养呼吸，水汽压亏缺经过气孔导度的作用影响光合作用，而辐射则直接干扰光合作用（袁文平等，2014）。因此，有必要基于上述敏感性分析方法探讨 NPP 等不同碳通量对输入气象数据的敏感性，表征环境因子对碳通量的影响程度。图 2－3 表示内蒙古草原的 NPP 对当地气象环境因子的敏感性变化方向，对各个输入参数的敏感性绝对值从大到小的顺序为：降水量>日最高温度>水汽压亏缺>日最小温度>短波辐射通量密度>平均温度>日照长度。尽管模型输入参数（除平均温度和日照长度外）的敏感性都比高（$SI>0.2$），但降水是控制内蒙古草原生产力变化最为敏感的气象因子之一。

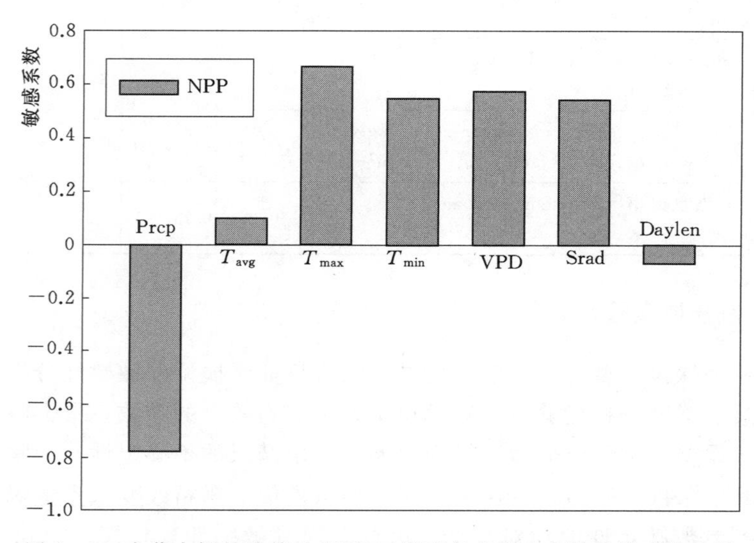

图 2－3　内蒙古锡林浩特站 NPP 对模型各个输入参数的敏感性分析

在不同气象因子敏感性分析的基础上，进一步探讨模型输出变量对降水的敏感性，如图 2－4 所示。在基于 Biome－BGC 模型的降雨控制模拟实验中，相对于原始日降水分别设置 5%、10%、20%、30%、50%、75%等不同梯度的降雨亏缺。通过降水控制模拟实验，研究发现不同碳通量（GPP、Re、NPP、NEP）随着降水量的不断减少，敏感性指数的绝对值不断增大，表明碳通量对降雨亏缺的响应比较敏感，进一步显示 Biome - BGC 模型的优良表现。在 GPP、Re、NPP、NEP 四个碳通量中，NEP 和 NPP 对降水减少的响应比较强烈。因此，NPP 对不同程度干旱具有比较敏感的响应。

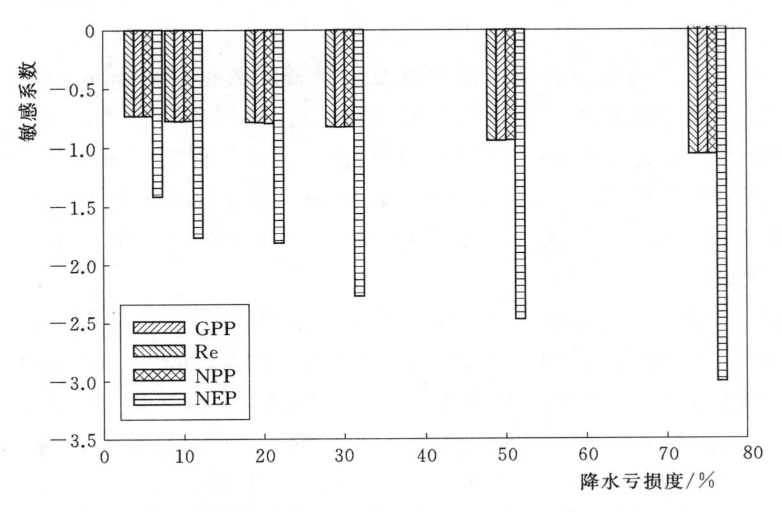

图 2-4　不同碳通量对不同程度降水变化的敏感性响应

敏感性分析和降水控制模拟实验表明，Biome - BGC 模型能够很好地模拟气象因子变化尤其是降水变化对不同碳通量的影响，为本书进一步分析干旱对草地生产力和牧业影响的定量评估奠定了良好的基础。

2.4.3　模型适用性评价

2.4.3.1　模型验证评价指标

在 Biome - BGC 模型参数化和敏感性分析的基础上，有必要进一步评价该模型的区域应用能力。Biome - BGC 模型适用性验证主要是评价模拟值与观测值之间的吻合程度，直到模拟值与观测值之间不存在统计学上的显著差异（Liebig 等，2014；Schubert 等，2004）。本书以线性回归分析、均方根误差（RMSE）和显著性水平（$p<0.001$）为评价指标来验证模型模拟的精度，各指标计算如式（2-26）和式（2-27）所示，即

$$y=bx+a \tag{2-26}$$

$$RMSE=\sqrt{\frac{1}{N}\sum_{i=1}^{N}(C_{si}-C_{oi})^2} \tag{2-27}$$

式中　y——模拟值；

x——观测值；

b——斜率；

a——截距；

N——样本个数；

C_{si}——模拟结果值；

C_{oi}——实测结果值。

模型模拟最理想的结果应该是 $a=0$，$b=1$。因此，线性回归方程中 b 与1的接近程度直接反映了模型模拟的效果。

2.4.3.2 通量数据验证

本书利用内蒙古不同草地类型通量站点及文献资料数据对Biome-BGC模型的校准数据进行不同碳水通量的校准，数据详情见表2-4。根据研究目的，本书主要对GPP、Re、NEP、ET等主要关键碳水通量参数进行校准与优化。根据不同站点数据特征，分别提取相应时间段的NPP数据进行对比分析，以评价Biome-BGC模型模拟的精度和适用性。NPP数据资料来自于中国农业科学院马瑞芳学位论文中的各个牧业气象站生物量数据（Zeng等，2005）。

草甸草原碳水通量验证主要采用通榆站2003—2007年的资料数据，如图2-5所示。通榆站GPP为2004—2006年8d合成数据，NEP和ET为2003—2007年日值数据。根据温带草甸草原地上地下生物量的换算关系（地下生物量=5.26×地上生物量）、NPP和生物量转换关系［碳量（gC/m^2）=生物量×0.45(g/m^2)］，计算鄂温克旗牧业气象站1989—2005年NPP数据（Ferlan等，2016；Jentsch和Beierkuhnlein，2008；Stocker，2014；Vogel等，2012）。从图2-10可以看出，总体上模型模拟值与通量观测值具有良好的一致性，所有碳水通量均通过了显著性水平0.001的检验，其中GPP、NEP、ET和

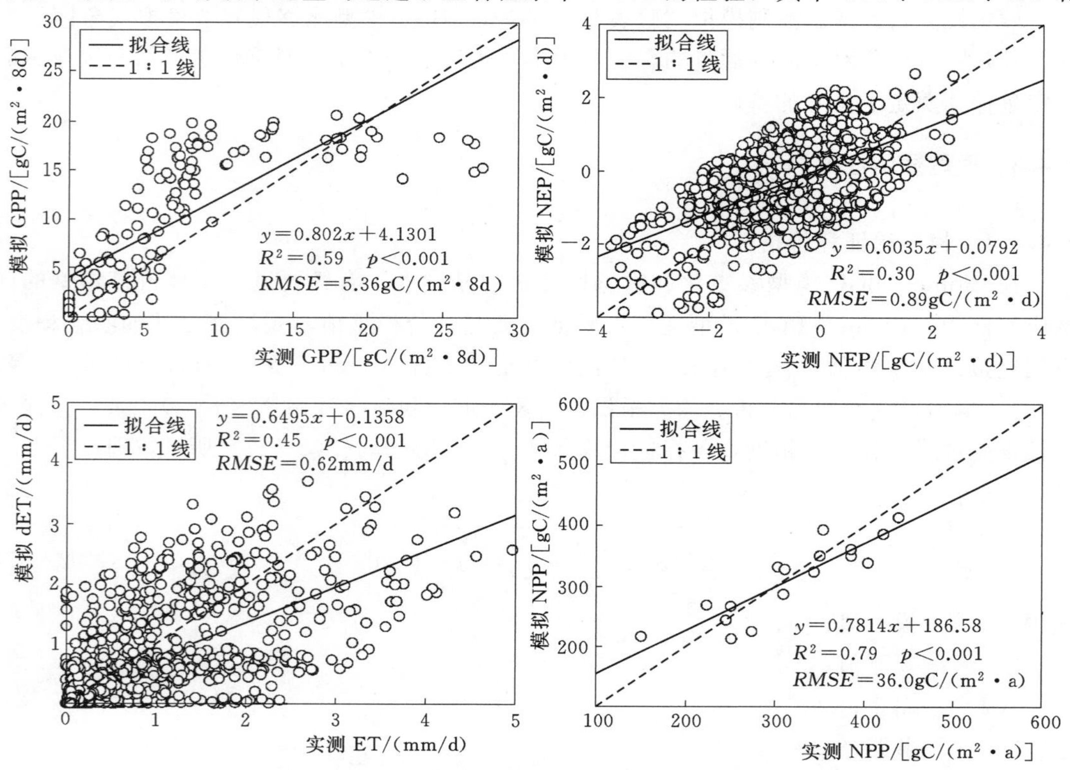

图2-5 内蒙古草甸草原不同碳水通量验证结果

NPP 的斜率分别为 0.80、0.60、0.65 和 0.78，模拟值都比较接近 1∶1 线且均匀分布在两侧。GPP、NEP、ET 和 NPP 的均方根误差分别为 5.36gC/(m^2 · 8d)、0.89gC/(m^2 · d)、0.62mm/d 和 36gC/(m^2 · a)，模拟误差处于比较合理的范围内。GPP、NEP、ET 和 NPP 的决定系数分别为 0.59、0.30、0.46 和 0.79，回归效果显著，表明 Biome - BGC 模型能够较好地模拟草甸草原碳水通量，模拟精度高，具有较强的模拟性能和适应性。

典型草原碳水通量验证主要采用锡林浩特站 2003—2007 年的资料数据，如图 2 - 6 所示。锡林浩特通量站 GPP 和 Re 为 2006—2007 年日值数据，NEP 和 ET 为 2003—2007 年日值数据。根据温带典型草原地上地下生物量的换算关系（地下生物量＝4.25×地上生物量）、NPP 和生物量转换关系［碳量（gC/m^2）＝生物量×0.45（g/m^2）］，计算锡林浩特

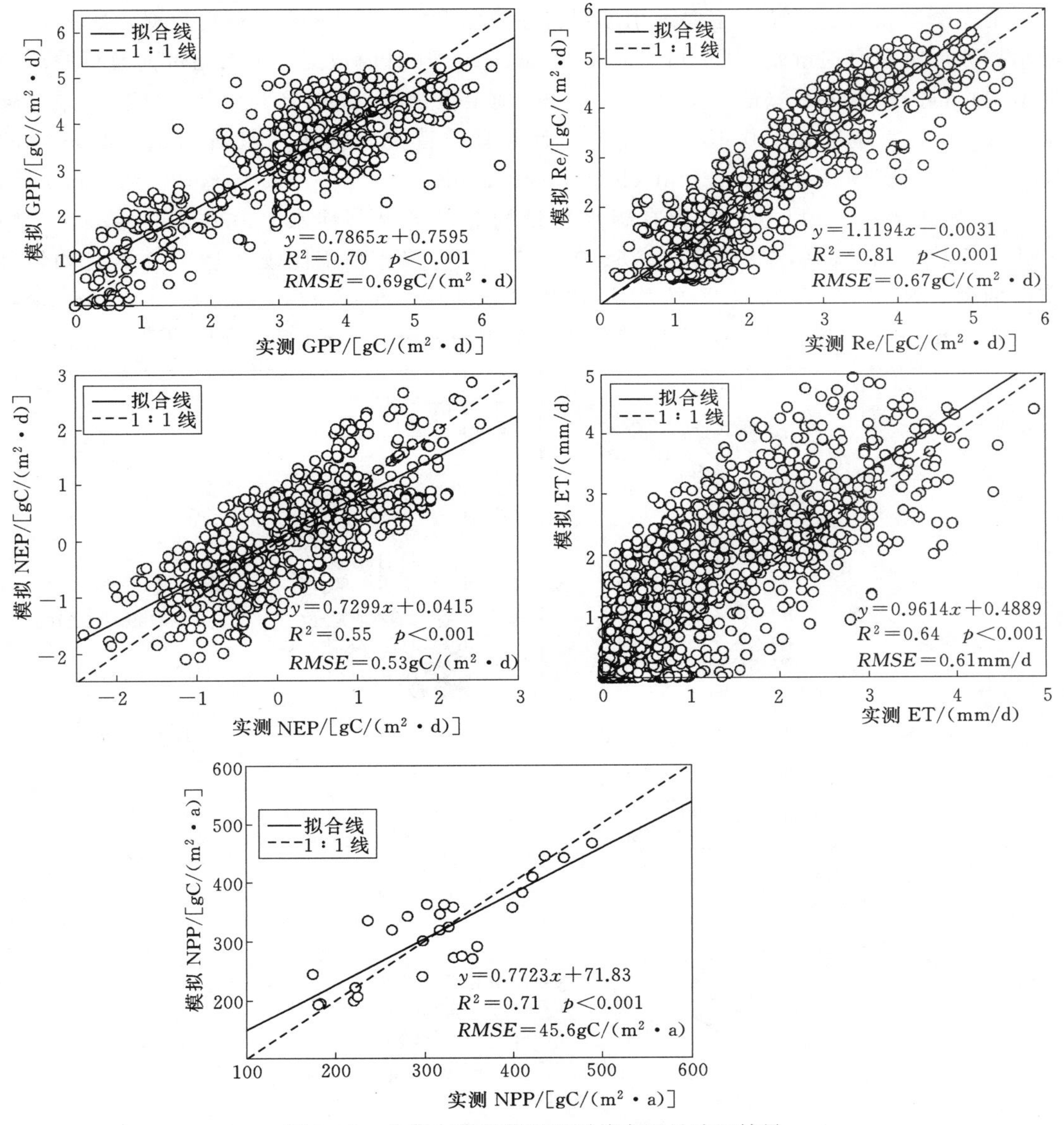

图 2 - 6　内蒙古典型草原不同碳水通量验证结果

牧业气象站 1980—2006 年的 NPP 数据（Ferlan 等，2016；Jentsch 和 Beierkuhnlein，2008；Stocker，2014；Zeng 等，2005）。从图 2-11 可以看出，所有碳水通量均通过了显著性水平 0.001 的检验，其中 GPP、Re、NEP、ET 和 NPP 的斜率分别为 0.79、1.11、0.73、0.96 和 0.77，模拟值都比较接近 1∶1 线且均匀分布在两侧。GPP、Re、NEP、ET 和 NPP 的均方根误差分别为 0.69gC/(m^2 · d)、0.67gC/(m^2 · d)、0.53gC/(m^2 · d)、0.61mm/d 和 45.6gC/(m^2 · a)，模拟误差处于比较合理的范围内。GPP、Re、NEP、ET 和 NPP 的决定系数分别为 0.70、0.81、0.55、0.64 和 0.71，回归效果显著，表明 Biome-BGC 模型能够较好地模拟典型草原碳水通量，模拟精度高，具有较强的模拟性能和适应性。

荒漠草原碳水通量验证主要采用苏尼特左旗站 2008—2009 年的资料数据，如图 2-7 所示。苏尼特左旗通量站 NEP 和 ET 为 2008—2009 年日值数据。根据温带荒漠草原地上地下生物量的换算关系（地下生物量=7.89×地上生物量）、NPP 和生物量转换关系［碳量（gC/m^2）=生物量×0.45（g/m^2）］，计算乌拉特中旗牧业气象站 1982—2006 年的 NPP 数据（Ferlan 等，2016；Jentsch 和 Beierkuhnlein，2008；Stocker，2014；Zeng 等，2005）。从图 2-7 可以看出，所有碳水通量均通过了显著性水平 0.001 的检验，其中 NEP、ET 和 NPP 的斜率分别为 0.75、0.87 和 1.0，模拟值都比较接近 1∶1 线且均匀分布在两侧。NEP、ET 和 NPP 的均方根误差分别为 0.66gC/(m^2 · d)、0.54mm/d 和 21.7gC/(m^2 · a)，模拟误差处于比较合理的范围内。NEP、ET 和 NPP 的决定系数分别

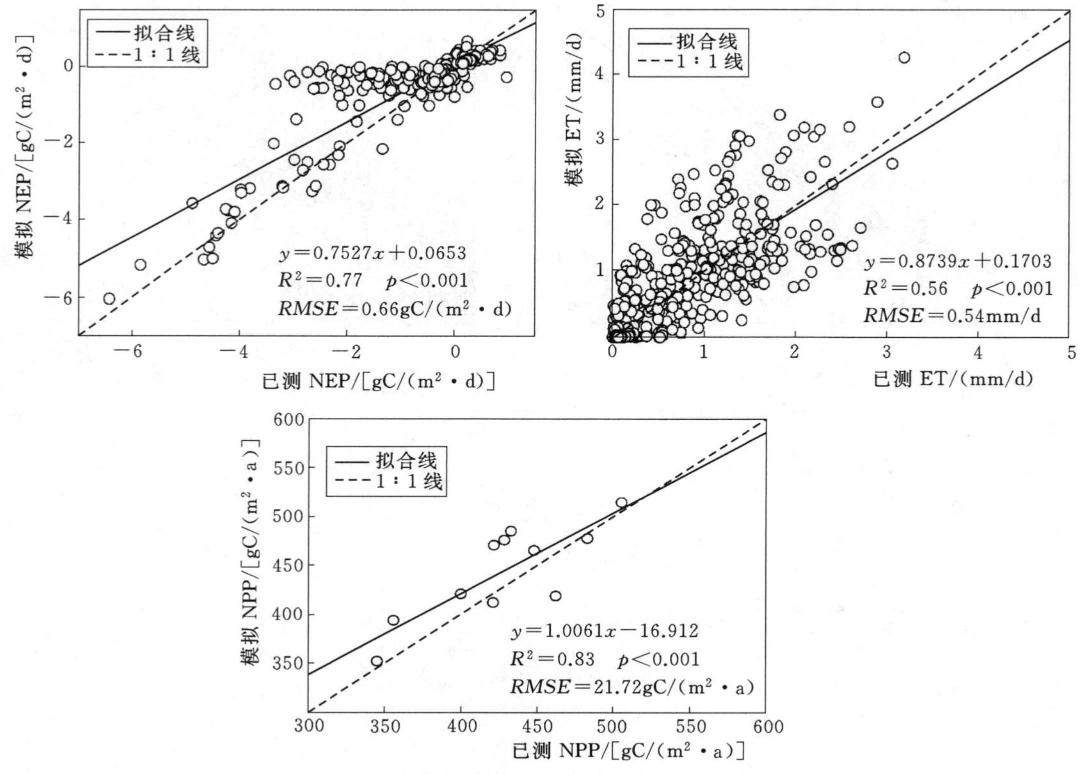

图 2-7 内蒙古荒漠草原不同碳水通量验证结果

为0.77、0.56和0.83，回归效果显著，表明Biome-BGC模型能够较好地模拟典型草原碳水通量，模拟精度高，具有较强的模拟性能和适应性。

对比野外样地实验实测数据和文献资料数据，NPP的模拟比较符合实际情况，本书草甸草原、典型草原和荒漠草原模拟的站点NPP分别在550gC/(m^2·a)、400gC/(m^2·a)和100gC/(m^2·a)浮动，与文献发布的数据563.4gC/(m^2·a)、392.90gC/(m^2·a)和122.90gC/(m^2·a)比较接近（张存厚，2013；张存厚等，2012；张存厚等，2013b；张存厚等，2014）（荒漠中国草地资源信息系统，http：//www.grassland.net.cn/data/d75.htm），还与其他学者估计的内蒙古草原NPP值范围为116～566gC/(m^2·a)一致（刘岩，2006；王军邦，2004）。通量观测站能够对不同碳水通量进行长期连续的观测，获取了大量的通量数据，能够为研究干旱对草地生态系统生产力的影响提供可靠的主流技术支持。通过通量观测数据与生态过程模型的有效融合，极大地扩展了研究的时空尺度，为进一步深入探索干旱对草地生产力影响的差异提供了保障。本书使用了不同草地类型通量观测数据，对Biome-BGC模型进行了精确校准与优化，降低了模型应用的不确定性，为研究的深度和可靠性奠定了基础。

2.5 本章小结

本章主要对研究区、数据和方法进行详细介绍。首先介绍了内蒙古草原的地理位置与地形地貌、气候特征、水文条件、土壤植被和干旱特征等研究区概况；其次对研究所需的数据进行了详细阐述，本书使用的数据主要有气象数据、土壤数据、植被数据和通量观测数据以及文献资料数据，为后续模型校准与模拟提供基础；最后进行了简要概述，基于SPI干旱指数进行干旱识别、生态过程模型和基本分析方法，为后续牧草产量和牧业影响分析做好准备。

第3章

牧业旱灾损失量化的理论方法

本章将系统地探讨牧业旱灾损失量化的理论方法。首先，通过国内外评估标准的文献调研，研究探讨了基于正常年平均法的干旱对草地生产力影响的评估方法。其次，利用SPI干旱指数识别出正常年和干旱年，将Biome-BGC模型模拟的正常年NPP多年平均值作为干旱年NPP的评估标准。在牧区干旱识别和牧草产量模拟的基础上，借鉴牧草-载畜量的定量转换和等效代换原理评估干旱对载畜量的影响，刻画损失的羊单位数量，再根据羊单位的市场价格等经济资料，基于微积分思想构建牧业旱灾损失评估动态模型。

3.1 引言

水是生态系统最为活跃的元素，光合作用等许多生理化学反应都离不开它。全球变化在一定程度上增强了水文循环过程，进一步加剧了诸如干旱之类的极端气候事件发生频率的增加（Jentsch和Beierkuhnlein，2008），美国、加拿大、非洲、南美洲、澳大利亚、中国、印度等地的严重干旱经常与厄尔尼诺现象伴生（Shanahan等，2009；Yeh等，2009）。在全球范围内，干旱的频率、持续时间和严重程度在最近几十年里大幅增长（Dai，2011），尤其是在干旱和半干旱地区（Solomon，2007；Stocker等，2013）。与此同时，干旱对人类社会和生态系统造成了严重的影响和破坏（Lambers等，2008；Meehl等，2000；Piao等，2010）。区域性干旱往往造成全球性的影响，旱灾已经成为全球性影响最为广泛的自然灾害（Keyantash和Dracup，2002；Sternberg，2011）。全球每年旱灾经济损失高达60亿～80亿美元，1900—2010年旱灾累计经济损失达851亿美元（EM-DAT，2010；Wilhite，2000）。证据不断表明，未来的干旱强度更大，持续时间更长，频率更高，远远超越生态系统所能承受的压力阈值，可能导致未来的生物地球化学循环过程更剧烈（Parmesan，2006；Sheffield和Wood，2012）。

事实上，干旱能够显著影响植物生长、生产力、生态系统结构、组成和功能（Jentsch等，2011；Xia等，2014）。然而，由于干旱复杂的时空变化特征和生态系统功能属性多样化，很难有效监测和评估干旱对生态系统的潜在影响（Wang等，2014）。大量研究已经使用许多方法来衡量干旱灾害对碳循环的影响，如通量观测和野外田间试验（Baldocchi等，2001；Baldocchi，2003）、遥感（Asner等，2004；Zhao和Running，2010）、生态系统模型（Ciais等，2005；Woodward和Lomas，2004）或通量观测、卫星数据和生态系统模拟等多种手段有机结合，广泛开展干旱对生态系统的影响研究（Reichstein 等，2007；Running 等，1999）。尽管我们有多种手段评估干旱对生态系统的影响，但还缺少干旱对生态系统影响的统一评估框架和标准，不同的研究目的或标准导致干旱评估结果存在较大差异。干旱是全球对人类社会和生态环境造成威胁最严重的自然灾害之一，长期以来，如何定量评估干旱造成的社会经济生态损失都是比较困难的事情（Crabtree 等，2009；Loehle，2011）。尤其是耦合人类活动的牧业生产活动，由于干旱造成的损失如何评估，是社会经济发展和区域生态安全急需解决的难题。因此，本章重点探讨干旱对牧业影响的量化方法，定量刻画不同等级干旱对牧业生产的影响。

水分是干旱和半干旱区草地植被生长的主要限制因子（Knapp 等，2002；Smith 和 Knapp，2001）。同时，草地比其他生态系统对干旱更为敏感（Bloor 和 Bardgett，2012；Coupland，1958），不合理的放牧活动加剧了干旱对草地生态系统和牧业活动的影响。内蒙古草原约占中国草原总面积的 25%，是中国最大的天然牧场之一，在中国草地及畜牧业生产中占有极为重要的地位。近年来，受气候变化的影响，内蒙古的干旱灾害发生得更加频繁，周期缩短，持续时间长，灾情重。全区几乎每年都有不同程度的旱灾发生，春季降水量仅占年降水量的 12%左右，不能满足牧草生长的需求，故春旱严重，每年都有发生。夏旱、秋旱和季节连旱的方式频率很高，有“十年九旱”的特点，而且近 50 年干旱周期有明显缩短的趋势。根据内蒙古牧区旱情资料，1949—2007 年的草地平均面积受旱率为 39.47%，牲畜平均死亡率为 4.7%，造成牧业直接经济损失年平均 24.39 亿元，占地区生产总值的 1.25 %。历史上牧草产量大幅度减产以及牲畜死亡率高发生的年份均与干旱有关，而且干旱对草地生态系统产生重大影响，如土地沙化、草原退化和土壤盐碱化等，威胁到牧业的可持续发展。因此，内蒙古草原是研究真实干旱事件影响的理想场地。本书选择具有代表性的内蒙古草地生态系统作为研究对象，基于 Biome - BGC 模型和 SPI 干旱指数，采用新的评估标准和方法刻画干旱对草地 NPP 和牧业经济的定量影响，尤其是不同等级干旱影响的量化。

3.2 研究思路与总体技术路线

本书基于 Biome - BGC 和 SPI 干旱指数采用正常年牧草产量多年平均法，定量评估不同等级干旱对不同草地类型生态系统牧草产量造成的影响。首先，研究准备 Biome - BGC 模型所需的气象数据（包括正常年和干旱年）、CO_2 和氮沉积、植被土壤和生理生态参数，如 2.2 小节有关数据的介绍；然后，采用实测数据（实验和通量观测数据）校准生态系统模型，进而模拟所有年份的牧草产量，同时基于站点和栅格月降水数据进行 SPI 的计算，用于识别干旱年和正常年及不同等级干旱事件（强度和持续时间等），通过比较所有正常年平均的牧草产量和干旱年的牧草产量的差值刻画干旱的影响；最后，在不同时空尺度上评估不同等级干旱（事件）对牧草产量的影响，如点、局部、区域和全球空间尺度和 1 年、近 50 年甚至 100 年的时间尺度。

在牧区干旱识别和牧草产量模拟的基础上，通过正常年牧草多年平均产量确定干旱对牧草产量的影响，借鉴牧草-载畜量的定量转换和等效代换原理评估干旱对载畜量的影响，刻画损失的羊单位数量，再根据羊单位的市场价格等经济资料，基于微积分思想构建牧业旱灾损失评估动态模型。

以内蒙古牧区为研究区，基于基础数据、气象数据、野外实测数据、放牧强度调查资料、FAO的放牧强度分布空间数据、经济统计年鉴数据和内蒙古各旗县旱灾损失数据（1990—2007年）和《中国水旱灾害》（国家防汛抗旱总指挥部办公室和水利部南京水文水资源，1997）、《内蒙古水旱灾害》以及其他发表的文献资料，有效融合站点观测、野外水分控制实验、通量观测和模型模拟等手段，以干旱指数和生态过程模型为工具，在模型参数区域校准及模型空间扩展基础上，研究内蒙古建立综合致灾因子危险性和承灾体脆弱性并集成放牧强度与植被干旱状态参数的牧业旱灾损失动态评估方法。从灾害系统理论角度出发，采用对比分析方法研究不同放牧强度下牧业干旱-牧草产量时空变化耦合规律，解析水分胁迫的累进过程并模拟不同放牧情景下的区牧业旱灾形成动态，依据牧草产量-载畜量转换以及等价代换原理和微积分思想，建立基于牧草生长过程模拟的区域牧业旱灾损失动态评估模型，刻画不同放牧强度下干旱-牧业损失响应关系，回溯内蒙古牧区牧业旱灾经济损失的时空格局，揭示放牧条件下干旱的真实损失演进过程，制定干旱状态下合理的放牧方案，为变化背景下合理利用水资源、提高抗旱决策和减轻旱灾风险能力、保障区域牧业安全与可持续发展提供科学依据。具体技术路线如图3-1所示。

根据研究目标与研究内容需要，须收集和整理的数据如下。

（1）基础数据。研究区行政区划图、数字高程模型（DEM）等数据，历年CO_2浓度数据、研究区植被类型、土地利用数据、土壤质地及土壤深度等属性数据集。

（2）气象站点观测数据。研究区地面气象资料日值数据集，包括日最高、最低和平均气温、降水量、水汽压亏缺、短波辐射和日长等数据。

（3）气象栅格数据。10km×10km栅格气象资料日值数据集，包括日最高、最低和平均气温、降水量、水汽压亏缺、短波辐射和日长等数据。

（4）通量观测数据。碳、水交换通量（生态系统总初级生产力、生态系统总呼吸、生态系统净碳交换、潜热和显热）的长期连续观测数据，主要站点有通榆站（草甸草原）、太仆寺旗站、锡林浩特站和锡林郭勒站（典型草原）以及四子王旗站、苏尼特左旗站（荒漠草原）等。

（5）野外实测数据。2010—2012年连续开展内蒙古草原3次野外大面积植被（生物量）、土壤数据和放牧强度调查，在项目实施期间拟再连续开展3次，以确保实测数据能够满足研究的需要。

（6）灾害统计数据。收集了1990—2007年内蒙古各旗县旱灾损失数据，主要包括牧区受旱面积、受旱和死亡牲畜头数、牧业经济损失。

（7）文献资料。不同草地群落生理生态参数、内蒙古多年生物量和净初级生产力（NPP）资料、放牧强度、历年牧区受旱面积、受旱和死亡牲畜头数、牧业经济损失，主要来源于《中国水旱灾害》《内蒙古水旱灾害》以及发表的相关文献。

（8）放牧强度空间数据。该数据是从全球畜牧信息系统（Global Livestock Information System，GLIS）数据中提取的。GLIS数据是联合国粮食和农业组织（FAO）根据全球牲畜数目采样点及环境数据差值产生，空间分辨率为5km。数据中包含

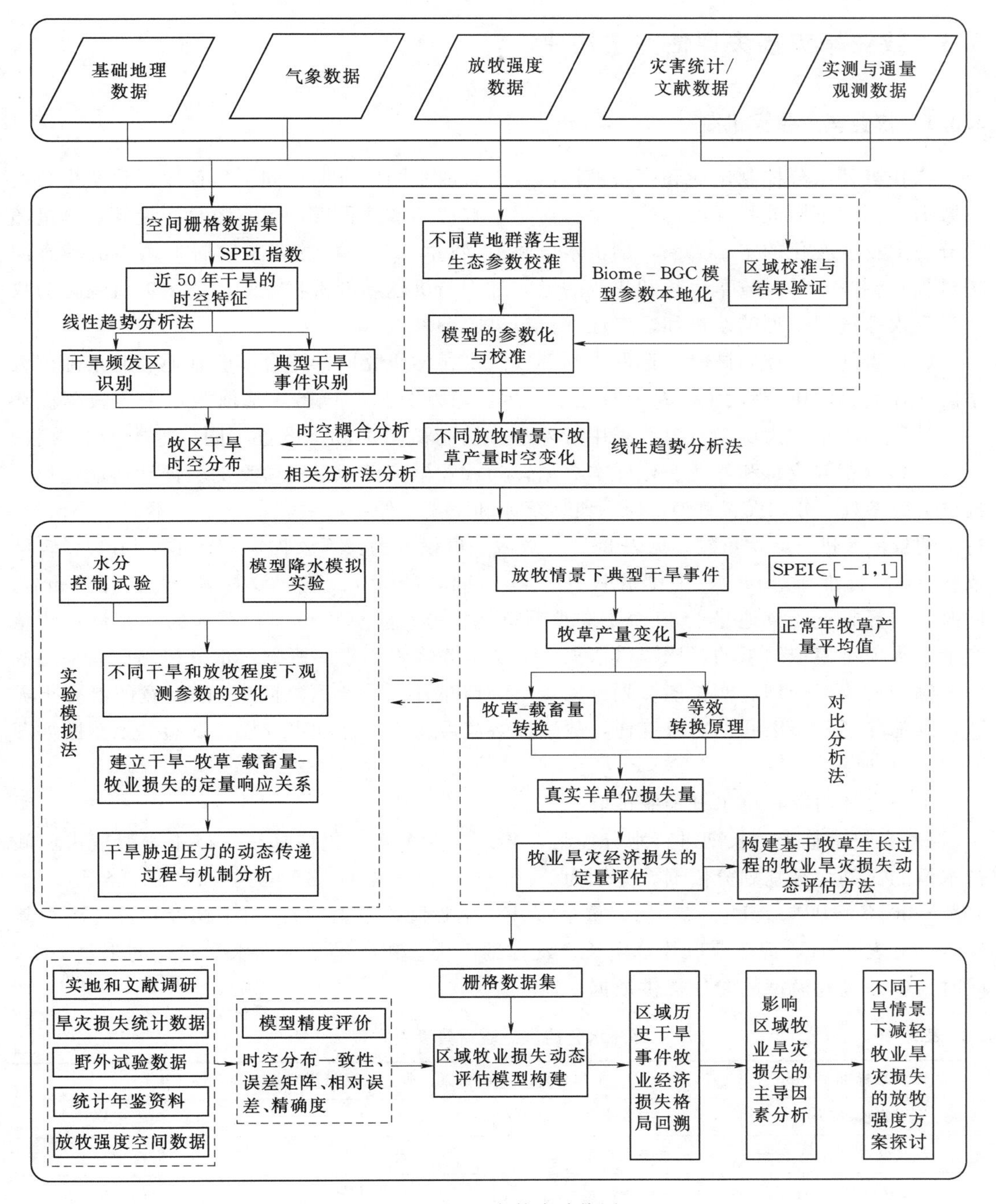

图3-1 研究技术路线图

了主要的牲畜类型：牛、水牛、绵羊、山羊、猪和家禽类。根据中华人民共和国农业部提供的“标准羊”进行换算。

（9）统计年鉴数据。1949—2015年内蒙古各旗县历年牲畜头数和牧业产值、羊单位价格。

3.3 牧业旱灾损失评估方法构建

3.3.1 牧业旱灾孕灾机制

依托野外水分控制试验和模型模拟试验以获取不同生育期不同干旱程度下牧草生长发育数据，刻画不同放牧强度下牧草生长对干旱响应的敏感程度，建立牧草产量等观测量随水分胁迫程度变化的定量关系，剖析水分胁迫-牧草-载畜量-牧业旱灾胁迫压力的动态演进过程，刻画干旱对牧草生长和牧业的影响过程与机理，剖析牧业干旱的孕灾机制，为牧业旱灾模拟过程模型的改进和适应性评价提供关键参数。

（1）野外水分控制试验。选取水利部牧区水科学研究所的综合实验基地和北京师范大学的太仆寺旗农田-草地生态系统野外站开展牧草水分控制试验，选取当地主要牧草优势种（针茅和羊草）为试验对象。采用野外水分控制试验手段，设置不同草地类型的放牧-干旱情景以获取牧草和牧业变化样本数据，为牧业旱灾模拟过程模型的验证和适应性评价提供关键参数。分别设置草甸草原、典型草原和荒漠草原不同放牧情景下的不同干旱情景，每个情景依次进行3次重复，见表3-1。放牧强度设置为：不放牧（0标准羊/hm^2）、轻度放牧（0.5标准羊/hm^2）、中度放牧（0.75标准羊/hm^2）、重度放牧（1标准羊/hm^2）。同时，选择临近的草地建立30个不同类型草地样方，测算单位面积草地的载畜量和牧草产量，为模型模拟结果的对比提供依据。为了消除降水因素的影响，水分控制试验采用遮雨大棚进行遮挡处理。实验地被划分为4m×4m的小区，小区之间由10cm宽的混凝土隔断，其消除了各小区间的水分连通，故边界效应可忽略不计，水分控制试验的示意图如图3-2（a）所示。

本书设计两套牧草水分控制试验。

1）在牧草整个生长期进行水分控制，共设置5个水分供应梯度，以土壤湿度占田间持水量的比例为级别划分依据，分别为A：>80%（正常）；B：60%～70%（轻旱）；C：50%～60%（中旱）；D：<40%（重旱）；E：自然降水（对照）。每个梯度共设3个重复样本，见表3-1，旨在获取牧草生长、发育过程状态和产量等指标水量变化的定量关系，同时为生态过程模型的验证提供依据。

表3-1　　野外水分控制试验情景设置方案

放牧情景/(标准羊/hm^2)	干旱事件（草甸草原、典型草原和荒漠草原各设置3组）		
不放牧（0）	中等干旱	严重干旱	极端干旱
轻度放牧（0.5）	中等干旱	严重干旱	极端干旱
中度放牧（0.75）	中等干旱	严重干旱	极端干旱
重度放牧（1）	中等干旱	严重干旱	极端干旱

2）将实验区设定为6个分区，分别在牧草返青、分蘖、拔节、抽穗、开花和成熟6个阶段设定干旱情景，如图3-2（b）所示。通过设置不同生育阶段受旱情况，分析干旱对不同生育阶段牧草产量的影响。在干旱期实施的灌溉量仅使土壤湿度达到田间持水量的

40%，并且设定按照不同的灌溉时间（正常时间灌溉、推迟5d、推迟10d），旨在分析干旱发生时间及水分胁迫累积效应对不同生育阶段牧草生长的影响。在某一受旱生育期内不灌溉，其他生育期无干旱发生，即以田间持水量的70%为灌溉下限，并设置无干旱胁迫和自然降水作为对照。

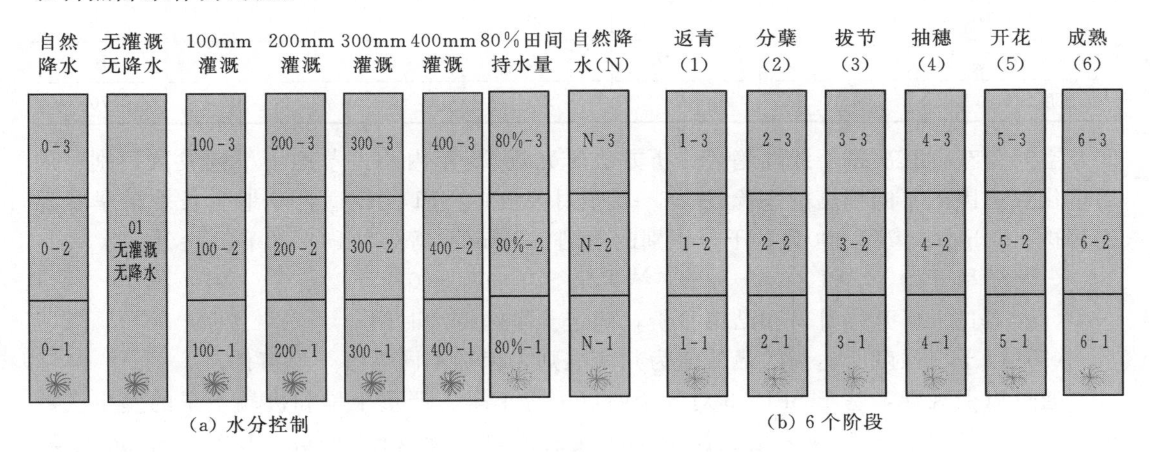

图3-2 水分控制试验样地设计示意图

研究区域多点实时观测。在研究区内考虑不同的草地类型，选择3个野外实验区域布设土壤温湿度仪和空气温湿度仪，连续观测土壤水分、温度状况和空气温湿度状况。观测仪器一部分布设在灌溉区，一部分布设在非灌溉区，采用连续记录的方式测定空气温湿度和0～50cm处土壤温、湿度（每1h记录一次）。观测指标主要包括土壤、气象、牧草生长发育状况及放牧4类数据。土壤数据包括：土壤基本属性观测（土壤容重、田间持水量、凋萎系数），在水分控制试验开始之前进行分层（0～5cm、5～10cm、10～20cm、20～30cm、30～50cm）观测，土壤湿度数据（分层每天观测一次）；气象数据包括：最高温、最低温、降雨量、风速、相对湿度、太阳辐射（或日照时数）、蒸发量等，需每天观测一次；牧草生长发育状况数据包括：牧草产量（地上生物量）、地下生物量、叶面积、植株高度、根重、叶片含水率、气孔导度（以上要素每旬观测一次），周围放牧强度数据。

（2）模型模拟实验。采用模型模拟实验手段，设置不同草地类型的放牧-干旱情景以获取牧草和牧业变化样本数据。Biome-BGC模型基于水分平衡方程，模拟降水和和土壤水分的变化，通过植被蒸腾和土壤蒸发与降水亏缺刻画干旱胁迫，分别设置草甸草原、典型草原和荒漠草原不同放牧情景下的不同干旱情景，见表3-9。在基于Biome-BGC模型的降雨控制模拟实验中，相对于原始日降水研究分别设置与土壤湿度相适应的自然降水0%、10%、30%、40%、50%、70%等不同梯度的降雨亏缺（可根据实测土壤湿度调整）。

3.3.2 典型干旱事件识别

本书主要运用SPI干旱指数识别内蒙古典型干旱事件和不同等级干旱的空间分布，因此采用3个月尺度的SPI识别内蒙古牧区干旱事件和旱灾。首先基于站点和栅格气象数据进行内蒙古牧区SPI的计算，根据SPI等级阈值识别出不同等级干旱事件的强度、持续时

表 3－2　　模型模拟实验情景设置方案

放牧情景/（标准羊/hm^2）	不同程度降雨亏缺（草甸草原、典型草原和荒漠草原各设置 3 组）/%					
不放牧（0）	0	10	30	40	50	70
轻度放牧（0.5）	0	10	30	40	50	70
中度放牧（0.75）	0	10	30	40	50	70
重度放牧（1）	0	10	30	40	50	70

间及空间分布；其次基于线性趋势分析方法研究近 50 年内蒙古草地干旱频发区识别；最后量化致灾因子不同程度的危险性。3～6 个月尺度的 SPI 比较适合草地生长季干旱状况的分析（Scheffer 等，2001）。干旱识别的规则（Spinoni 等，2013）如下。

（1）干旱开始于 SPI _ 6＜－0.5，结束于 SPI _ 6＜－0.5。

（2）通过干旱开始月份和结束月份，确定干旱的持续时间。

（3）以干旱强度所达到的最低值为判断准则，识别不同等级干旱事件。

通过以上规则，基于 SPI _ 3 对各个站点中等干旱、严重干旱和极端干旱的发生次数进行识别与统计。干旱频率是表征干旱状况的重要指标（Edwards，1997；Spinoni 等，2013）。总体上，内蒙古草地的干旱发生频率均比较高，平均 1.58 年/次，其中中等干旱、严重干旱和极端干旱的发生频率分别为 3.8 年/次、6.0 年/次、12.5 年/次，因此，干旱的发生频率大小为：中等干旱＞严重干旱＞极端干旱。这与文献广泛报道的内蒙古草原干旱频率高，“三年两旱”“五年一大旱”的特征基本一致（伏玉玲等，2006b；刘春晖，2013；张美杰，2012）。草甸草原干旱频率高于典型草原站点干旱频率，荒漠草原站点干旱的发生频率最低。

3.3.3　牧草产量旱灾损失评估方法

干旱对生态系统影响的评估方法，可借鉴气候变化对生态系统脆弱性的评估方法——关键临界点（Critical Loads）和关键气候评估（Critical Climate Approach）（Bobbink 和 Hettelingh，2010；Crabtree 等，2009；Loehle，2011）。关键临界点法的定义为“基于人类当前的知识水平，排放的最高污染物浓度不会引起自然界化学变化从而导致对生态系统结构和功能产生长期有害的影响，用于定量评估暴露于一个或多个污染物对生态环境敏感元素产生的有害影响”（Nilsson，1988）。它广泛用于评估污染物（酸、硫、氮沉降）排放及其影响、全球自然保护等（Kuylenstierna 等，2001；Porter 等，2005）。同样，关键气候评估法用于评估气候变化对生态环境的负面影响（Mayerhofer 等，2001）。关键气候定义为“基于人类当前的知识水平，评估气候变化（温度和降水）的一个量化值，低于该值对生态系统结构和功能产生可接受的长期影响”（Van Minnen 等，2002）。这种方法基于长期的大尺度视角综合评估生态系统在气候变化背景下的脆弱性。通过关键气候评估法可以确定对生态系统 NPP 造成长期损失可接受的阈值，例如 NPP 可接受损失的范围为历史 NPP 评估变化的 10%～20%（Van Minnen 等，2002）。

在干旱影响评估方法中，最重要的是确定干旱影响的评估标准（Van Minnen 等，2002）。事实上，由于不同的评估目的和任务我们很难确定哪一种评估标准是合理的。目前，干旱对NPP的影响评估主要是通过多年平均值和干旱年状态值的差异实现的（Xu等，2013；Zhao和Running，2010）。将理想状态下的多年平均NPP作为评估标准很少被采用，主要是因为在现实自然界中存在的各种胁迫导致植被生长的理想条件难以达到（Wu等，2014）。大多数采用长期平均态NPP作为标准，包括历史上所有湿润状态、正常状态和干旱状态下的NPP，这种方法在干旱和半干旱区不太适用，因为该区域干旱年偏多，导致长期平均值较低。同时，有的学者采用多年气象要素平均值输入模型，以模拟的结果作为正常年的评价标准，同样导致长期平均值较低，在干旱和半干旱地区也不适用（Ma等，2012）。因为正常年的标准或正常年GPP/NPP、NDVI的标准以历史多年的平均为基础（Crabtree等，2009；Xiao等，2009；Zhang等，2012b），并未剔除干旱年或极端湿润年的GPP/NPP、NDVI，可能导致干旱影响评估的误差比较大，出现高估或低估现象。只有少数学者剔除了干旱年的NPP，但是未剔除较湿润年的NPP，导致对干旱的影响出现了高估（Castro等，2005）。因此，本书采用比较合理的正常年牧草产量多年平均值作为干旱影响的评估标准，以剔除干旱年和湿润年对评估结果的干扰，同时尽可能地降低模拟或评估误差。这主要是由于我们通常比较的标准是正常年，既非干旱年也非湿润年，因为目前比较接受的干旱的定义是“在一个季节或更长的时期内，当降水量比期望的‘正常’值少且不能满足人类活动的需要时，干旱就发生了”（Dracup等，1980；Hayes，2006；Wilhite，2008）。因此，与正常年牧草产量状况相比更具有科学意义和价值。本书的正常年是指根据SPI干旱指数识别的正常降水年份，例如SPI在区间［－1，1］识别的年份（Song等，2013）。

图3-3为不同干旱条件下牧草产量变化示意图，展示了干旱对牧草生产力影响评估的原理。在无干旱胁迫的理想状态下，植被生长良好，牧草产量相对较高，如虚线a所示；牧草产量的多年平均值也相对较高，如虚线b所示。然而这种情况在现实中存在概率较低，无论怎样植被总是生存在各种各样的环境胁迫中（Bonan，2002）。事实上，由于干旱等许多干扰的存在，牧草产量一直处于一种上下波动的状态，导致NPP的实际情况如实线c所示；牧草产量的历史多年平均值如虚线d所示。为了排除干旱和湿润年份牧草产量对正常年牧草产量的干扰，我们选择SPI值为－1.0～1.0的正常年的牧草产量，采用正常年牧草产量的平均值作为干旱对生态系统造成不可接受影响的一个阈值。在不同的区域这个值可能高于或低于牧草产量的历史多年牧草产量平均值。通常，在湿润地区，干旱发生频率相对较低，正常年牧草产量平均值可能低于历史多年牧草产量平均值；在干旱和半干旱区，干旱发生频率相对较高，正常年牧草产量平均值可能高于历史多年牧草产量平均值。图中不同阴影部分的面积分别表示不同等级干旱对生态系统造成的累积影响，即低于正常年牧草产量平均值时的状态，分别表示中等干旱、严重干旱和极端干旱事件对牧草产量造成的影响。实际上，由于干旱发生发展过程和生态系统结构和功能的复杂性，干旱对生态系统造成的影响可能是正作用的也有可能是负作用的，正作用表示干旱造成牧草产量损失或降低，负作用表示牧草产量在干旱时期增加或升高。干旱的强度及干旱发生在植被生长的不同物候时期，生态系统抵抗力和恢复力的大小等因子共同决定干旱对生态系统最终的影响及其响应（Tilman和El Haddi，1992；Tilman等，2006）。

通过比较正常年牧草产量的平均值和干旱年牧草产量的差值刻画干旱的影响。通过正

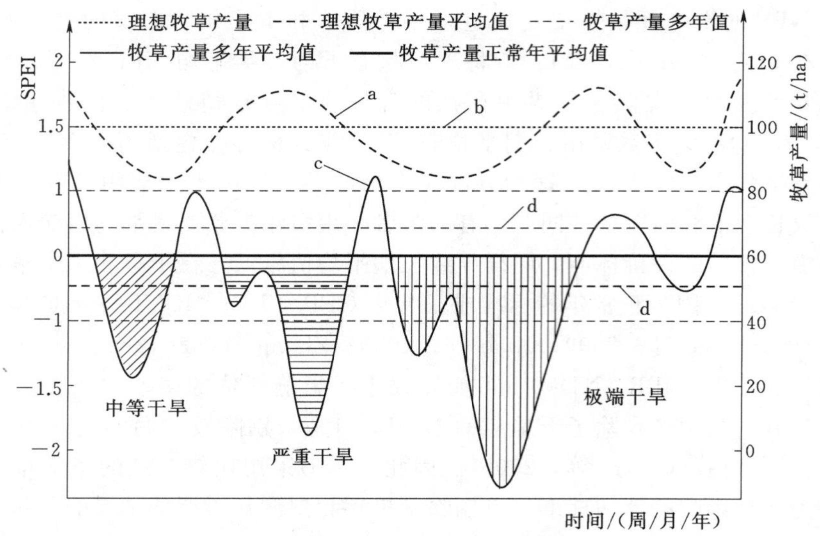

图3-3　不同干旱条件下牧草产量变化示意图

常年多年牧草产量平均值和干旱年牧草产量值这两种情况相减，能够有效地消除误差，如模型模拟的系统偏差（包括数据误差、标定误差和其他变化因素的干扰），提高评估的精度。干旱对牧草产量影响的评估，如式（3-1）所示，即

$$
\begin{aligned}
\Delta NPP &= NPP_{\text{atru}} - NPP_{\text{dtru}} \\
&= (NPP_{\text{amod}} + \varphi) - (NPP_{\text{dmod}} + \varphi) \\
&= (NPP_{\text{amod}} + \delta + \omega + \tau) - (NPP_{\text{dmod}} + \delta + \omega + \tau) = N
\end{aligned}
\tag{3-1}
$$

式中　ΔNPP——干旱造成的NPP异常（正值也可能是负值）；

NPP_{atru}——正常年多年平均真实值；

NPP_{dtru}——干旱年真实值；

NPP_{amod}——正常年多年平均模拟值；

NPP_{dmod}——干旱年的模拟值；

N——模拟的年数；

φ——模拟的系统误差，包括输入数据误差（δ）、校准误差（ω）和其他误差（τ），主要由全球变化因子造成的误差。

3.3.4　牧业旱灾损失评估方法

在牧草旱灾损失评估的基础上，根据农业部公布的牧草产量-载畜量的转换关系与等价代换原理，评估干旱对牧业造成的影响。等效代换法是指在保证最终效果相同的情况下，用较为简便的事件或条件将原事件或条件代替转化来考虑问题，如利用电压源和电流源的等效变换简化电路。本书根据等效原理运用数学和物理学中的“等量代换”方法进行牧业旱灾损失评估。

（1）牲畜死亡和非死亡损失系统刻画。根据等效代换原理，一定面积的草地在正常情况下可以承载m个羊单位的牲畜，在干旱条件下牧草减产，无法满足所有的牲畜食量。

在保证体重、羊毛等品质不下降的前提下，能够完全满足 n 个羊单位的牲畜食量，则相应损失的羊单位为 $m-n(m\geqslant n)$ 个。因掉膘损失的羊单位可以等效为一定量的因死亡损失的羊单位数目，如图 3-4 所示。假如一定面积的草地可以养活 10 只成年羊（羊单位），每只体重约 50kg；在干旱时，继续养活 10 只羊，每只羊损失体重 5kg，共损失 50kg，相当于死亡一只羊，即损失 1 个羊单位；同样在保证体重、羊毛等品质不下降前提下，只能完全养活 9 只羊，等效结果也是损失 1 个羊单位。因此，掉膘的牲畜损失部分可以等效为一定量的死亡损失。无论是死亡的牲畜还是掉膘的牲畜，都可以折算为相应的羊单位损失量来表示，得到更为真实的牧业损失量，即多少牧草完全养活多少羊单位的牲畜。以这种方法估算掉膘损失，一定程度上避免了人为估算的随意性。

(a) 干旱前牧草和牲畜生长状态

(b) 干旱发生期间或结束后牧草和牲畜生长状态

图 3-4 牧业死亡-掉膘损失羊单位等效代换原理

(2) 牧业经济损失评估。通过牧草-载畜量的定量转换和等效代换原理评估干旱对载畜量的定量影响，再根据羊单位的市场价格评估牧业旱灾经济损失。采用农业部发布的天然草地合理载畜量的计算方法进行核算。草原载畜量通常用每公顷或每百亩草原上可以平均放牧的牲畜单位数，用羊单位表示，单位为“头/(ha·a)”或“头/(hm^2·a)”，即一年内放牧一头成年绵羊所需放牧草地的亩（或 hm^2）数。不同牲畜的羊单位换算见表 3-3 和表 3-4。

参照载畜量计算公式，核算因干旱造成的牧业经济损失。公式为：载畜量=(ha 或 hm^2 产草量×可利用率)/(牲畜日食草量×放牧天数)。其中：亩或公顷产草量以“kg/(ha·a)”或“kg/(hm^2·a)”表示，牲畜日食草量以“kg/(头·d)”表示，一羊单位的日食量大约 20kg，如式（3-2）和式（3-3）所示，即

$$N=\Delta Y_{\text{牧草}}/(MD) \qquad (3-2)$$

式中 N——损失的羊单位个数；

$\Delta Y_{牧草}$——牧草减产量；

M——牲畜日食草量；

D——干旱天数。

表3-3　　各种成年家畜折合为标准家畜单位（羊单位）的折算系数

畜种	体重/kg	羊单位折算系数	畜种	体重/kg	羊单位折算系数
绵、山羊	特大型＞55	1.2	牦牛	大型＞350	5.0
	大型 51～55	1.1		中型 300～350	4.5
	大中型 46～50	1.0		小型＜300	4.0
	中型 40～45	0.9	马	大型＞370	6.5
	小型 35～39	0.8		中型 300～370	6.0
	特小型＜35	0.7		小型＜300	5.0
黄牛	特大型＞550	8.0	驴	大型＞200	4.0
	大型 501～550	6.5		中型 130～200	3.0
	中型 451～500	6.0		小型＜130	2.0
	小型 350～450	5.0	骆驼	大型＞570	8.0
	特小型＜350	4.5		小型＜570	7.5
水牛	大型＞500	7.0			
	中型 450～500	6.5			
	小型＜450	5.0			

表3-4　　幼畜与成年畜的家畜单位折算系数

畜种	幼畜年龄	相当于同类成年家畜当量
绵羊、山羊	断奶～1岁	0.4
	1～1.5岁	0.8
马、牛、驴	断奶～1岁	0.3
	1～2岁	0.7
骆驼	断奶～1岁	0.3
	1～2岁	0.6
	2～3岁	0.8

$$\Delta L_{牧业}=NC \tag{3-3}$$

式中　$\Delta L_{牧业}$——牧业经济损失；

N——损失的羊单位个数；

C——羊单位价格。

3.3.5　牧业损失评估动态模型构建

本书在牧业典型旱灾损失评估的基础上，构建牧业旱灾损失动态评估模型。基于SPI识别干旱起止时间以确定干旱的持续时间，分别确定正常状态和干旱条件下牧草产量的初

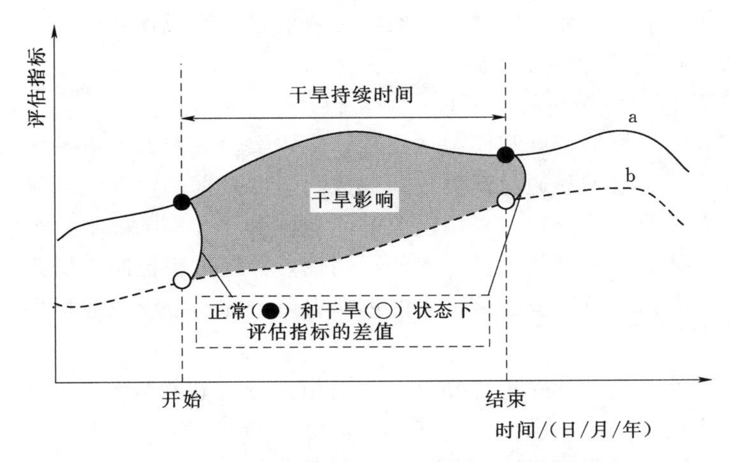

图 3-5 牧业旱灾损失动态估算示意图

始状态和干旱状态。由于干旱具有缓发性，干旱对草地牧草的累积效应随着干旱的持续时间和强度的增加逐步增强。而牧草本身具有一定的适应性和抵抗性，因此只有当干旱超过牧草可承受的临界阈值才造成一定的影响。随着干旱胁迫压力的不断增加，牧草损失逐步加重。因此，采用微积分的思想建立积分方程厘定干旱事件对牧草的动态影响，根据载畜量换算确定牧业旱灾损失，如图 3-5 和式（3-4）所示。在任意时间点或时间段内动态模拟牧草产量的变化。正常年多年牧草（牧业）平均产量如图中实线 a 所示，干旱时牧草（牧业）平均产量如图中虚线 b 所示，通过与正常年相比干旱对牧草（牧业）造成的动态影响如图中阴影面积所示。通过积分求得的阴影面积大小，即为干旱对牧草（牧业）造成的具体损失值。基于此，建立的干旱对牧业影响的微积分方程可估算干旱发生的任意时间段内造成的损失大小，即可实现牧业损失的实时动态评估。

$$
\begin{aligned}
CI &= \int_{D_0}^{D_1} (Y_{\mathrm{n}} - Y_{\mathrm{d}})\mathrm{d}t \\
&= \int_{D_0}^{D_1} Y_{\mathrm{n}}\mathrm{d}t - \int_{D_0}^{D_1} Y_{\mathrm{d}}\mathrm{d}t \\
&= \int_{D_0}^{D_1} (Y_{\mathrm{n1}} - Y_{\mathrm{n0}})\mathrm{d}t - \int_{D_0}^{D_1} (Y_{\mathrm{d1}} - Y_{\mathrm{d0}})\mathrm{d}t
\end{aligned}
\tag{3-4}
$$

式中 CI——干旱对评估指标的累积影响；

Y_{n}、Y_{d}——评估指标正常年和干旱年的状态，如牧草产量和牧业产值；

t——评估时间；

D_0——干旱起始时间；

D_1——干旱结束时间；

D——干旱持续时间长度，单位为日/月/年。

3.4 牧业旱灾损失评估模型精度评价及应用

本书以内蒙古牧区为研究区，结合收集的锡林郭勒盟羊单位旱灾损失量和牧业经济损失资料以及统计年鉴资料，评价锡林郭勒盟牧区牧业损失定量评估模型的精度，并探讨不同干旱情景下减轻牧业旱灾损失的放牧强度方案。

1. 牧业损失评估动态模型精度评价

为了保证该方法的评估精度和模型适用性，采用实验观测数据进一步验证。基于收集的实地调研、野外试验数据和通量观测数据、放牧强度数据、牧业统计年鉴数据和历史牧业旱灾损失以及文献数据等资料，采用误差混淆矩阵和干旱-损失时空分布一致性系统评价内蒙古牧区牧业损失定量评估关键技术的适用性，并逐过程控制土壤含水量、牧草产量和死亡牲畜、干旱面积以及牧业经济损失的模拟误差，提高区域牧业损失动态评估模型的精度。

首先，根据历史典型干旱的时空分布，采用相关分析和趋势分析评价干旱-牧业旱灾损失分布的一致性，以耦合面积比指标进行定量评价。

其次，随机抽取区域草甸草原、典型草原和荒漠草原不同草地类型未参与建模型的干旱事件的检测样本数据，采用误差矩阵和相对均方根误差评估牧业旱灾损失动态评估模型的精度。由于采用的评估数据是一次干旱事件的结果，评估模型是建立在不同等级干旱多次干旱事件影响的综合结果之上，故采用误差矩阵识别干旱影响的评估结果是否在一个合理的误差数值区间。比如，80%的干旱事件损失评估结果在一个较小的误差区间内，平均相对误差较小，则该模型具有较高的评价精度和良好的区域适用性（Soler 等，2007）。

同时，采用误差精确度的概念评估牧业旱灾损失评估模型的精度。设已给定约束条件误差元素，即真误差元素，以及误差全集 U，$U=\{\Delta_1, \Delta_2, \Delta_3, \cdots, \Delta_n\}$，则把按论域 U 的误差要素求定的指标误差定义为精确度，记为 σ，如式（3-5）所示，即

$$\sigma=\sqrt{\frac{[\Delta\Delta]}{n}} \tag{3-5}$$

约束条件误差 $\Delta_i=x_i-X$ 与真值 X 相关，所以它能反映真实的精度情况，衡量模拟值的误差状况比较可靠。

2. 干旱情景下的放牧强度方案探讨

考虑不同放牧强度等人类活动，从自然因素与社会经济因素两方面基于站点气象资料、实地调研、牧业统计数据和历史牧业旱灾损失等资料的综合分析，结合牧业旱灾损失评估模型模拟不同放牧情景下的牧业旱灾损失变化，在其他环境因子不变的前提下对比不放牧、轻度放牧、中度放牧和重度放牧条件下牧业经济损失的大小，制定出不同干旱情景下减轻牧业旱灾损失的放牧强度方案。

3.5 本章小结

本书在充分吸收他人工作的基础上，提出了干旱对草地生态系统 NPP 影响的定量评估方法——正常年 NPP 多年平均法。本章首先分析了正常年 NPP 的多年平均值的理论合理性，采用此方法评估干旱对牧草产量的影响。在探讨牧业旱灾成灾机制、牧区干旱识别和牧草产量模拟的基础上，构建牧业旱灾损失评估动态模型。本章主要结论如下。

（1）研究提出了干旱对草地生产力影响的定量评估方法。研究发现正常年 NPP 平均

法比历史多年 NPP 平均法更能够反映干旱对草地 NPP 造成的影响，具有更高的精度和敏感性。通过不同站点观测数据对 NPP 损失的验证结果表明，本书推荐的方法对不同等级干旱造成的影响具有良好的适用性。

（2）研究提出了干旱对牧业影响的定量评估方法。借鉴牧草-载畜量的定量转换和等效代换原理评估干旱对载畜量的影响刻画损失的羊单位数量，再根据羊单位的市场价格等经济资料，基于微积分思想构建牧业旱灾损失评估动态模型。从“牧草-载畜量-羊单位-牧业产值”的转换关系表明，牧草与牧业产值的定量关系可以采用线性方程表达。

（3）研究提出了牧业旱灾损失评估模型精度的验证方法。基于收集的实地调研、野外试验数据和通量观测数据、放牧强度数据、牧业统计年鉴数据和历史牧业旱灾损失以及文献数据等资料，采用误差混淆矩阵和干旱-损失时空分布一致性系统评价内蒙古牧区牧业损失定量评估关键技术的适用性，并逐过程控制土壤含水量、牧草产量和死亡牲畜、干旱面积以及牧业经济损失的模拟误差，提高区域牧业损失动态评估模型的精度。

第4章

牧业干旱成灾过程与机制研究

本章重点探讨牧业干旱成灾过程与机制。从系统理论角度出发，讨论了牧业干旱成灾过程与影响机理、影响因素，提出了以碳饥饿和水分胁迫理论解释干旱影响与成灾过程；依托于水利部牧区水利科学研究所草原站综合实验基地，以野外人工牧草为研究对象，基于水分控制试验，开展牧业干旱成灾过程研究，为牧业干旱损失评估提供理论基础。

4.1 引言

草地生态系统是“大气-土壤-植物-动物”相互作用的综合系统，是受自然因子与人类活动影响最大的陆地生态系统之一，对外界干扰比较敏感的生态脆弱区（Lei，2016）。20世纪以来，全球气候与环境发生了重大变化，对于处在干旱和半干旱地区的内蒙古自治区来说，暖干化趋势更为明显，干旱灾害加重（Huang等，2015）。牧草是畜牧业生产的重要基础条件，牧草生长的好坏，产量的高低，直接决定了畜牧业的发展。水分是牧草赖以正常生长和发育的最重要条件，它不仅决定牧草的种类特征和草场类型，而且和产量、品质及其适口性有密切关系（Deléglise等，2015；王民，1995）。水分又是家畜有机体不可缺少的组成部分，是新陈代谢的物质基础。干旱对牧区的危害，一是降低牧草产量和质量，二是造成牲畜饮水困难，两者都严重影响牲畜的正常生长，导致牲畜死亡（Illius和O′connor，1999；欧阳惠，2001）。在牧区，干旱缺水引起的灾害是影响牧区生活和生产的最严重的自然灾害。干旱是一种常见的自然现象，它导致草地生产力下降、水土流失、牧草发病、草地退化和水荒（Louhaichi和Tastad，2010）。由于全球气候、水文过程的分异，各地的蒸发和降水极不平衡，尤其是干旱半干旱地区降水量的显著偏少，干旱对牧草等植被的影响主要是通过其直接与滞后效应、引起的死亡效应和生态结构及功能改变产生的长远效应刻画其影响的（Van der Molen等，2011）。微观尺度上，干旱作为一种气候现象，它不仅可以通过影响光合作用等生理生态过程，直接影响到自然生态系统碳水化合物的累积，对土壤-植物-大气系统中物质的转换等起着重要的作用（Da Silva等，2013）。在生态系统水平上，干旱还可以降低碳固定，减弱植被对碳的吸收功能，甚至促使草地生态系统从碳汇转变为碳源，导致牧草生产力降低（Zeng等，2005）。宏观尺度上，干旱对生态环境的直接效应导致河道断流、径流量减少，湖泊干涸等地表水量减少，同时诱发地下水位下降，引起植被发育不充分乃至退化，由此带来生态系统生产力下降，生物总量的减少、草场载畜能力的降低，导致野生动物生存所需水源和食物匮乏等直接效应（Ellis 和 Swift，1988；Fynn 等，2010）。干旱期间，由于土壤含水量下降，植被的地下部分生物量减少，地上部分停止生长或枯死（Bork 等，2001）。由于草地植被 C3 植被大量死亡，耐旱的 C4 植被逐渐取代了原生植被，即发生了生物入侵，导致植被生产力发生变化（Bradle 等，2006；Seabloom 等，2003）。干旱导致了牲畜死亡，在一定程度上通过调节牧草产量进而调控着牲畜种群的密度和数量（Illius 和 O′connor，1999）。草地植被死亡、生态入侵，生态链受到严重威胁等，导致物种结构和生态功能改变，干旱加剧了草原放牧生态环境整体恶化的趋势，影响生态-社会-经济系统的可持续发展。

按草地需水情况，牧草生长可分为返青、分蘖、拔节、抽穗、开花和成熟 6 个生育阶段。在牧草的各生育阶段，尤其是 5—6 月牧草拔节和抽穗的关键需水期，如遇干旱缺水，生长将受到严重抑制（韩建国，2007）。干旱直接影响牧草返青、生长及其产量和质量的各个环节（Vallentine，2000）。因此，干旱对牧草产量的影响过程与机制是复杂的，主要涉及物种资源对干旱的适应机制与适应能力、牧草不同生育期对干旱的敏感性不同、干旱影响的滞后效应。

因此，干旱灾害对牧业的影响主要表现在牧草生物量的下降和草原退化、牲畜死亡等方面。无论干旱对草地生态系统引起的直接与滞后效应、死亡效应和生态结构及功能改变，不同物候阶段不同施加影响也不同，都造成了干旱对牧草产量的最终扰动，影响牲畜饮水，进而影响牧业的可持续发展。然而，牧草-牧业的水分亏缺压力胁迫传递的基本过程与机制研究仍然需要进一步的深入开展，干旱对牧草-牧业影响的动态响应过程未受到足够的关注，牧业旱灾形成的基本响应机制未被识别。

本书依托于水利部牧科所草原站综合实验基地，以野外人工牧草为研究对象，基于水分控制试验，开展牧业干旱成灾过程研究。

4.2 干旱影响过程与机制分析

4.2.1 干旱影响过程

草地比较容易遭受干旱的侵袭，致使草地生态系统生产力遭受量级和格局上的变化。干旱对草地碳循环影响的量级与格局与干旱的强度、持续时间和发生空间范围密切相关。在干旱发生之前，土壤湿度相对较高，植被气孔导度处于一个比较合理的状态，水分和碳循环正常。干旱与之相伴的高温通过改变气孔导度的大小调节蒸腾作用，同时加重土壤蒸发和降低土壤湿度导致供给植物利用的水分减少，从而引发土壤干旱。在干旱发生期间，土壤水分与干旱强度和持续时间的梯度变化联系紧密。随着干旱的严重程度不断增加，干旱可能对光合作用和呼吸作用造成短暂或更深远的影响。干旱的发生发展增加了其他生态干扰发生的概率，如高温、火灾、病虫害和土壤侵蚀，造成植被物种死亡和生态入侵，进一步导致生态系统的脆弱性增强，对生态系统碳循环产生混合效应。生态系统碳库包括植被、凋落物和土壤碳库。在干旱发生期间或干旱结束之后，生态系统也可以通过植被生理和结构响应调节不通碳库含量缓冲和抵抗干旱的影响。干旱和草地碳循环之间的交互影响如图 4-1 所示。

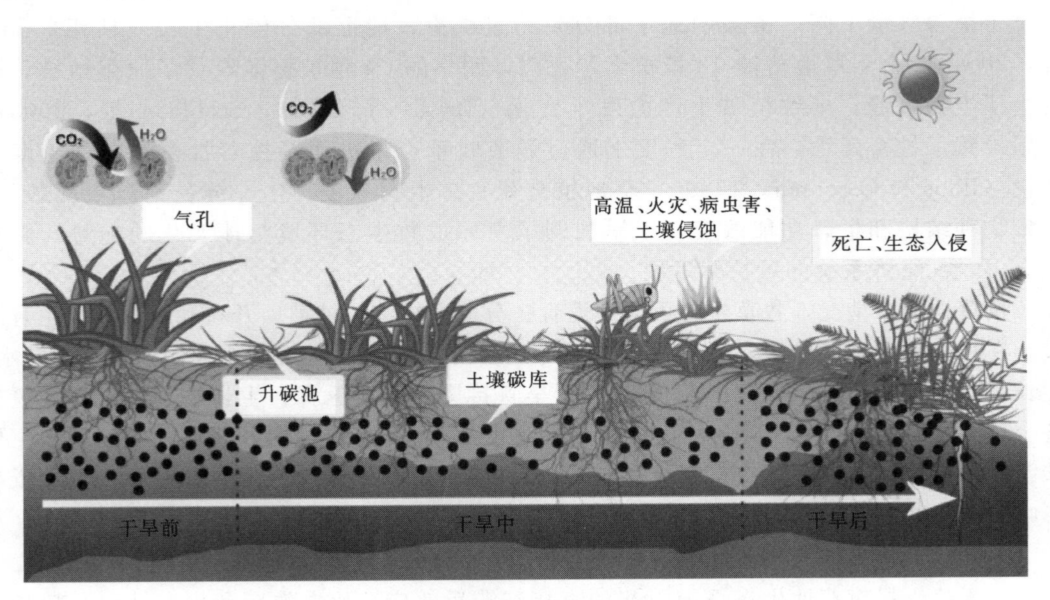

图 4-1　干旱和草地碳循环之间的交互影响示意图

4.2.2　干旱影响因素

植物在生长发育过程中受众多环境因子共同作用。影响植物生长的关键性因子包含水分、光照、温度、湿度等，而随着全球性气候变化的影响，气温升高、干旱以及频繁发生的病虫灾害，使地区性植被死亡率大大升高，引起世界各地研究者的广泛关注。随着全球气候变化，气温升高、降水量下降等问题频繁出现。目前气象学家一致预测未来全球变化会使干旱更加频繁剧烈，这一环境改变使植物死亡更加严重，如大气中 CO_2 浓度升高、全球变暖、氮沉降、放牧和土地利用的变化。在某种程度上，这些全球变化因子可以改变干旱和草地碳循环之间的关系。

图 4-2 描述了干旱和草地碳循环之间在现实多因子控制的世界中复杂的相互作用。干旱对生态系统造成的最终影响主要受 CO_2 浓度、全球变暖、氮沉降、放牧、土地利用变化等全球变化因子的制约。在某种程度上，缓慢和梯度性因子可以抵消干旱对生态系统造成的负面影响（CO_2 和氮素的施肥效应、升温的光合作用增强效应），如气候变化造成的 CO_2 浓度升高、全球变暖、氮沉降。而周期性和脉冲性因子可以放大干旱对生态系统的负面影响，这些因子主要是由人类活动驱动的放牧和土地利用变化等引起的。在草原生态系统本身对外界干扰具有一定的缓冲能力，例如草地生态系统中大量土壤有机碳能够缓解干旱对植被造成的伤害，帮助植被在干旱结束后迅速恢复到干旱发生之前的生长状态。随着气候变化和人类活动的不断加剧，干旱将会对草地生态系统碳循环过程产生更强大和更复杂的影响。

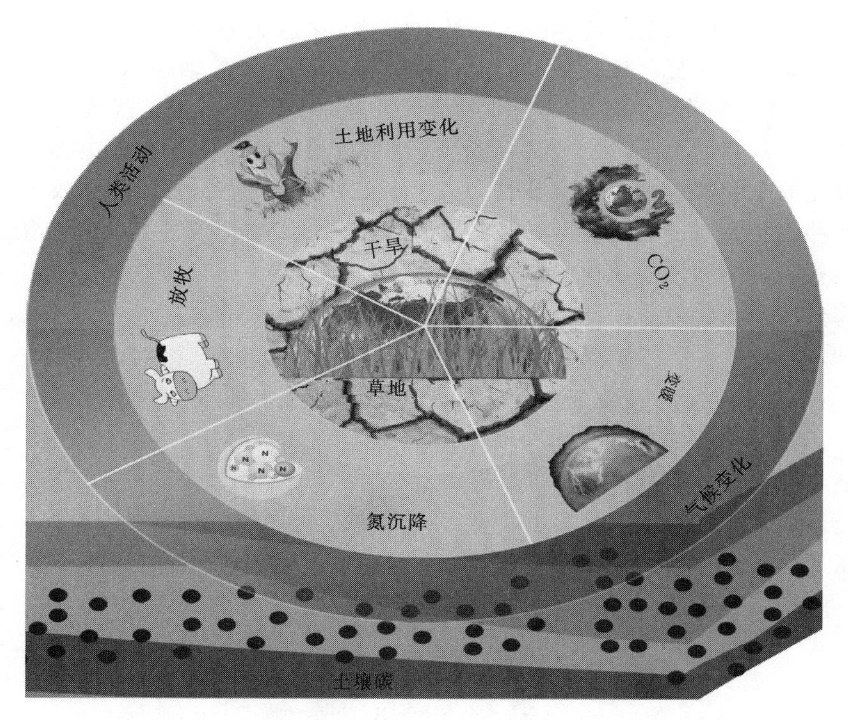

图 4-2　干旱和草地碳循环之间的交互影响示意图

4.2.3　干旱影响机制

目前，关于植物死亡的生理机制的研究还处于十分薄弱的阶段，大部分还停留在报道死亡现象上——物种环境影响下的死亡率以及对于种群、生物圈的影响或是土壤或空气结霜现象提高了植物死亡率的问题。在研究过程中，有两个现象引起广泛关注：①在受胁迫但未死亡与因干旱胁迫死亡的植物体内发现一致的碳水化合物分隔模式；②碳代谢与水分代谢是一个协同过程，尤其在全球气候变化的今天，维持物种生存的水分限额越来越低。干旱胁迫致死、植物水分利用与碳循环的关系是怎样的？究竟碳饥饿如何发生？本书将以近年来引入的碳饥饿概念为主，围绕植物水分代谢、碳循环及死亡机理展开讨论。

干旱可以导致生态系统结构和功能的改变，改变水分和碳循环的过程。因此，干旱如何影响植被水分利用是理解牧业干旱影响机制的关键。然而，干旱和草地碳循环之间的交互机制尚未完全清楚，尤其是在生态系统水平尺度。基于树木干旱死亡机制——碳饥饿假说，研究提出一个新的理论框架系统地阐述草地碳循环的干旱影响机制，解释牧业干旱成灾过程。植物在干旱胁迫条件下，体内水分代谢与碳代谢会发生失衡现象：光合速率降低、蒸腾速率降低导致生长速率降低，为维持植物新陈代谢，植物呼吸作用必然下调。在长期干旱胁迫条件下植物体内碳水化合物储存发生失衡现象，这种失衡使植物陷入碳饥饿现象。另外，由于水分失衡而出现的木质部栓塞和空穴会进一步加剧水分运输障碍，而修复空穴则需要大量非结构性碳水化合物（NSC），这使植物陷入两难选择。

根据提出的理论框架给出以下假设：碳循环的干旱影响机制与干旱的强度和持续时

间，其他生态干扰和生态系统适应性。在图 3-2 中，在生态系统尺度上，X 轴和 Y 轴分别表示干旱的持续时间（日、月、年不同时间尺度）和强度，Z 轴表示碳通量 [gC/(m^2·a)]。曲线 a 和曲线 b 分别在空间上分别表示 GPP 和生态系统呼吸，区域 A 和阴影区域 B 分别表示碳汇与碳源的大小，交叉点 C 是碳汇/源之间转换的阈值。虚边界 c 和虚边界 d 分别表示液压故障和碳饥饿的发生界限。圆柱体表示各种生态干扰，包括放牧、野火、病虫害等。这些干扰在一定程度上可以放大或抵消干旱的影响，导致生态系统遭受更严重的后果，如植被死亡率和入侵物种。

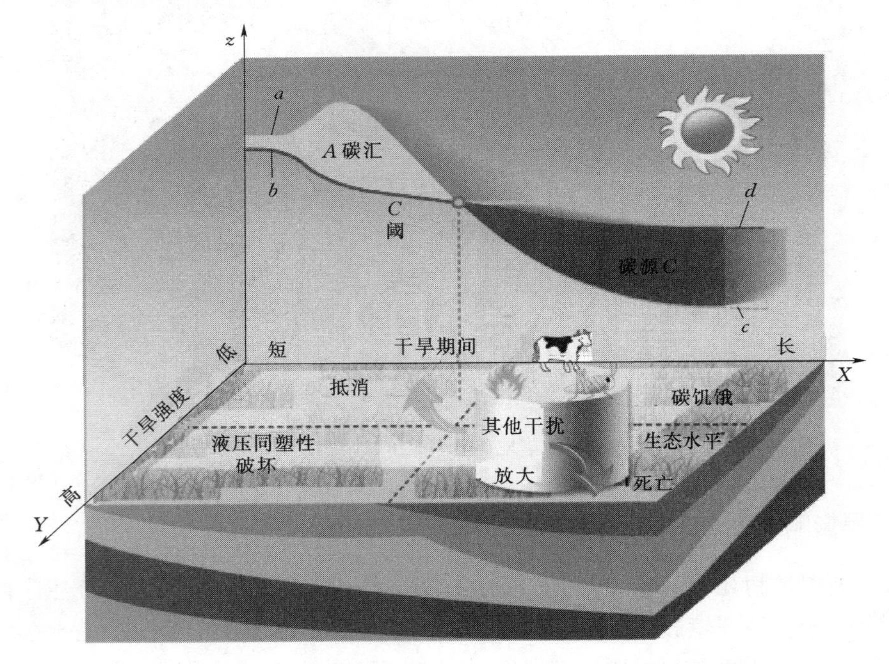

图 4-3　干旱与草原生态系统生产力的交互机制示意图

（1）植物水力代谢故障。通过植物学基础研究可知，木质部管道分子（导管或管胞）是木本植物进行水分运输的重要通道。对于植物进行水分传导的过程和机理，不同学者曾提出不同的理论，自 Dixon 和 Renner 提出内聚力学说后这一问题才得以合理解释，而问题的焦点又集中到木质部栓塞与空穴现象上。Renner 和 Ursprung 在蕨类植物 Sporangia 的环带细胞中首次发现了空穴化现象，后来有大量研究对于空穴化和栓塞现象作出了研究，且认为这是植物体内发生较多的平常事件。由于在木质部内的水柱抗张强度有限，在植物处于水分胁迫或其他胁迫条件下水柱张力增大，木质部水分就会向蒸汽阶段过渡，这一突然变化被定义为空穴化，而由于空穴事件造成的空腔被气体填充的过程被定义为栓塞。

增加木质部张力的因素很多，如水分胁迫、低温冰冻或病虫害等，因本书主要讨论植物水力代谢，故现就水分胁迫引起的木质部空穴和栓塞化进行讨论。对于水分胁迫引起的空穴与栓塞现象，普遍以空气充散假说为主，即：干旱导致水势下降至一定阈值后，水柱断裂，来自外界的空气泡经由管道间纹孔膜上的微孔传送到充水管道内而形成。栓塞阻碍植物木质部液体流动，必然导致植物导水率下降，从而使植物陷入水分胁迫的状态。许多学者对于多个树种栓塞与导水率的研究发现，植物栓塞在不同季节不同树种会使导水率有30%～100%丧失。

（2）碳饥饿。面对栓塞导致的导水率下降，植物体随即发生栓塞修复作用。在植物发生空穴修复过程中，淀粉动力学、细胞膜转运过程均有发生。这些过程需要大量小分子糖作为渗透物质，也需要非原生质体糖作为栓塞修复的信号分子，这必然引起植物体NSC的大量消耗。作为正常生长环境下的植物，大量盈余的碳水化合物作为NSC储存在植物体内，参与各项生理活动；而在水分胁迫条件下，由于水分不足引起光合作用下降，光合产物供给不足，植物体内NSC逐渐被消耗；而随着植物体内水文动力的不足，引起木质部的空穴与栓塞，这时植物面临两难选择：是消耗NSC进行空穴修复，重建水分通道，还是将NSC利用于维持植物体基本代谢——维持性呼吸（碳参与呼吸作用产生能量，供有机分子转换、维持细胞膜结构及膨压、溶质交换等，但不直接参与干物质增加过程）？无论选择哪一个，植物体都将面临NSC减少的局面，这对水分胁迫下的植物是致命的。

饥饿可以理解为由于缺少或食物不足而导致的死亡或者步入死亡的阶段。碳饥饿则可以理解为植物体在受到水分胁迫时，植物进行光合作用以及非固定NSC小于进行呼吸作用、生长和抵抗逆境所需的碳，这就引起了植物的碳饥饿现象。死亡是一个组织器官与环境之间的热力学平衡概念，它代表植物不再具有驱动能量梯度用于代谢或者更新的能力。通过这一概念，可以理解为：植物死亡时NSC不一定达到零点，但所含的NSC必然不可再被植物所利用。

干旱胁迫会引起植物的碳饥饿现象，但真正致死的原因则是一系列机制的共同作用。通过前文所述NSC的作用可以看出，碳饥饿与3个过程密切相关：①用于维持新陈代谢和防御的能量利用；②碳水化合物的运输过程，包括韧皮部装载、卸出过程；③维持膨压和光合能力的能量以及碳骨架，上述现象以及NSC含量上升现象均在干旱胁迫过程中出现。有学者认为碳饥饿过程并不重要，水分胁迫引起死亡是由于水力失衡，从而限制NSC的利用或是使植物对于病虫害更易感。Nathan G. McDowell 则认为，干旱引起水力失衡、NSC传输障碍，从而使用于新陈代谢和抵御病虫害的NSC减少，进一步影响NSC含量，这一不利反馈最终引起植物的死亡。

（3）其他生态干扰。对于草地而言，放牧是草地生态系统周而复始的干扰。牧草再生能力的大小是确定合适放牧率、放牧时期和放牧频率的重要指标，也是判断牧草是否有补偿性生产的指标之一。一般认为，随着放牧率的增加，牧草的再生能力降低，而且牧草的叶量、分蘖数、株高、生长速度、单株干物质和总生物量均下降。放牧强度对牧草氮素的影响主要表现在氮素在植物地上和地下两个亚库中的分布，即随着放牧强度的增加，植株中的氮素有着向地下亚库分布的趋势。而适度放牧则有利于提高牧草对氮素的利用率和氮素向根部积累。在干旱草地区域，通过制定合理的有利于促进草地土壤碳的固持的放牧利用方式，可以在很大程度上减少温室气体的排放从而缓解当前全球气候变化的趋势。在我国北方羊草草原区，传统的放牧利用方式多偏重于家畜的采食及其生产性能，很少考虑到草原植物的生长发育周期。这被广泛认为是导致我国北方地区草地退化、土壤碳库损失的主要原因。通过改善放牧利用方式修复退化草地促进其土壤中有机碳的固持已被视为一项重要的草地保护策略。在干旱胁迫下，采取合理的放牧方式可以降低干旱造成的影响。不同放牧利用方式下植被的变化及土壤碳固持对放牧方式的响应机制，有助于我们深入理解放牧会如何影响草地植被和土壤碳的固持，对于草地制定科学合理的放牧利用方式、维持草地的可持续发展利用具有重要意义。

(4) 生态系统适应性。然而，草原生态系统具有一定的干旱适应性。草地与森林生态系统不同，土壤中储存的大量的有机碳，可以缓冲干旱造成的影响。因此，在物种水平上，个体可能无法应对干旱，但生态系统可以应对干旱。在生态系统尺度，草地生态系统很可能对干旱响应表现出强大而快速的结构和功能改变，例如对干旱的滞后响应。在生态系统层面，主要反应动力包括生态系统体制改变的临界点或阈值，随后能量流、养分循环和气体交换的快速变化，及在群落生产力、植被土壤之间的交互，微生物效应和植被死亡等方面的缓慢性响应。草地生态系统是能够承受适度的干旱，通过补偿效应以维持正常的生态系统功能。

植物干旱胁迫条件下总 NSC 含量、光合速率、生长速率及呼吸作用模拟示意如图 4-4 所示（董蕾和李吉跃，2013）。

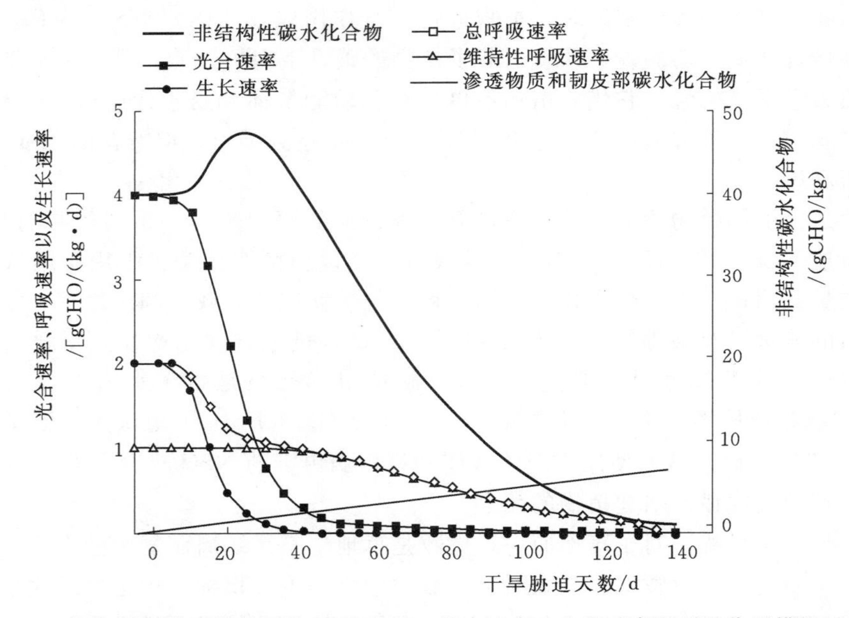

图 4-4　植物干旱胁迫条件下总 NSC 含量、光合速率、生长速率及呼吸作用模拟示意图

4.3　试验区介绍

牧区草地水循环与生态修复实验基地由实验室和依托单位中国水利水电科学研究院共同建立，地理位置为北纬 41°22′，东经 111°12′，位于内蒙古包头市达茂旗希拉穆仁镇，占地 2000 亩，如图 4-5 所示。试验设施建筑面积为 800m^2，主要开展草地水土保持实验与生态的监测。

目前基地配有气象、水文、土壤、植被、水分等先进观测仪器与设备，主要包括涡度相关二氧化碳/水汽通量观测系统、土壤呼吸与氮循环观测系统、大型蒸渗仪、ENVI生态气象站、单因子径流场和径流场自动水蚀测试系统、数据集中采集与安全监控系统等先进的测试验设备40件套，能开展气象、水文、土壤、植被、水分、水土流失等16个方面的数据监测，在国内草地水土流失生态地面观测方面居领先水平。围绕实现草地水土保持生态基础数据观测、科学研究、草地植被生态修复综合技术试验示范等功能思路配置测试仪器系统，建设试验分区。

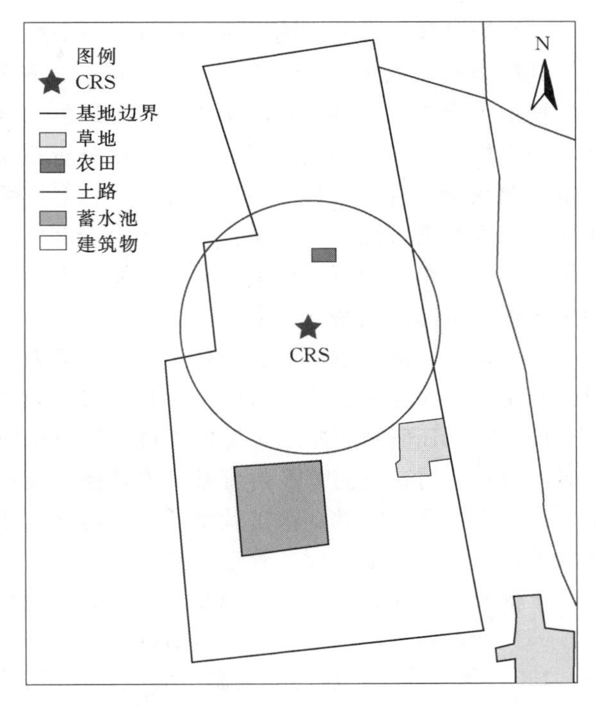

图4-5 水利部牧区水利科学研究所综合试验基地

4.3.1 自然地理概况

(1) 地理位置。位于内蒙古包头市达茂旗希拉穆仁镇，属内蒙古自治区中部的乌兰察布荒漠草原区。属中温带半干旱大陆性季风气候，多年平均降水量为284mm，多年平均蒸发量2305mm，年平均气温2.5℃，多年平均风速4.5m/s。

(2) 地形地貌。属阴山北麓低缓起伏丘陵区，总体北高南低，东西两侧高，中间低，最高海拔1690.3m，最低海拔1585.0m。基地南端为塔布河。

(3) 土壤植被。地带性土壤为栗钙土，非地带性土壤以草甸土为主。基地所在地局部植被群落呈现典型草原特征，植被建群种为克氏针茅（*Stipa krylovii*），优势种为羊草（*Leymus chinensis*），其他重要品种还有冷蒿（*Aritimisia frigida*）、糙隐子草（*Leistogenes squarrosa*）、冰草（*Agropyron cristatum*）等。

(4) 水土流失与生态恶化特点。由于干旱、多风、寒冷等恶劣自然条件以及多年超载过牧、旅游践踏等不合理土地利用原因，大面积草地已严重退化。20世纪50—60年代产草量为1050kg/hm，现状调查为450kg/hm。载畜量从20世纪50年代的1.4hm^2/羊单位，降到目前的3hm^2/羊单位。植物高度普遍为10～20cm，盖度普遍低于30%。狼毒、藜属等有毒、劣质草多见。该地区水土流失主要以风蚀为主，又因为降雨虽少却往往集中，易形成径流，所以水蚀也很常见，并具有水力、风力复合侵蚀特点。

4.3.2 试验系统

围绕实现草地水土保持生态基础数据观测、科学研究、草地植被生态修复综合技术试验示范等功能思路配置测试仪器系统，建设试验分区。三年来开展了退化草地综合修复试验、水土保持技术试验、人工草地试验、风洞模拟吹蚀试验、不同水分干预修复试验等。

（1）测试仪器系统。测试仪器系统分三个层次：第一层次为基础观测系统，进行环境类、基础类数据观测，由气象、土壤水分、地下水位、植物生长观测等方面的仪器组成；第二层次为水土流失特性观测系统，进行风沙、径流、草地群落等数据观测，由风蚀仪、径流场水蚀系统、蒸渗仪系统、植被盖度分析系统等方面的仪器组成；第三层次为生态、通量观测系统，进行植被冠层、光合、生物多样性、蒸腾、植被-大气圈 CO_2/H_2O 通量、土壤呼吸等数据观测，由冠层扫描、光合分析、OP－2 通量观测仪、土壤呼吸仪等仪器组成。形成一个从地下到地上、从基础面到专业点的立体的、多方位的、先进的定位、地面水土保持生态观测系统。

（2）试验分区。试验分区包括：①水土流失特性观测试验区，建设于典型坡面，主体就是水土保持生态测试仪器系统；②封育修复试验区，分片安排于坡面、洼地等不同地势处，配备有低压管道、喷灌等辅助设施，以及田间水分、气象、土壤、植被等方面的便携式观测设备，可进行封育及封育基础上补播、浅翻耕、灌木植种、灌溉等综合草地修复技术的试验和监测；③林草人工栽培试验示范区，于平坦、土层较厚、土壤水分条件较好、背风处建设人工草地，配备管道式半固定喷灌、卷盘喷灌机等设施，及土壤水分/水势测量、土壤养分速测、ET0 等测试设备，进行品种引种、饲草料作物栽培试验研究。

（3）开展监测的项目。主要包括以下 5 个方面。

1）气象：风速、风向、气温、湿度、气压、降雨量、蒸发、日照时间、太阳辐射等。

2）土壤：表层土壤水分、结构及肥力。

3）地下水：浅层地下水位/水温变化。

4）植被：天然草地生物多样性、盖度及生产力；人工栽种植物生长状况。

5）通量：植物-大气圈 CO_2/H_2O 通量，土壤呼吸。

4.4　试验设计

4.4.1　实验概况

2003 年围封典型缓坡草地 $3hm^2$，其尺寸为 $120m\times250m=30000m^2$，坡度约为 2.2°（4%），坡向朝西。设置该地块为草地灌溉修复试验区。2007 年灌溉修复试验区等分为 3 部分（小区），面积均为 $83.3m\times120m\approx10000m^2=1hm^2$，由北向南，3 个试验区为：Ⅰ——充足灌溉区，无水分胁迫情况发生；Ⅱ——基本灌溉区，相当于正常年景，基本上满足牧草生长需要，基本无水分胁迫发生；Ⅲ——无灌溉区（对照），当地正常降水无法满足牧草生长所需水分，故有水分胁迫发生，详见图 4－6。在基地外围重度放牧区选取代表性地段作为重牧对照区。每块样地内均设置三根 ESC Ⅰ型管式土壤水分速测仪测试管，每日测定不同深度土壤含水量以指导灌溉。

4.4.2　灌溉制度

适宜灌溉Ⅰ区灌溉原则为：只要土壤水分低于 5%（萎蔫系数为 4%）时就进行灌溉；

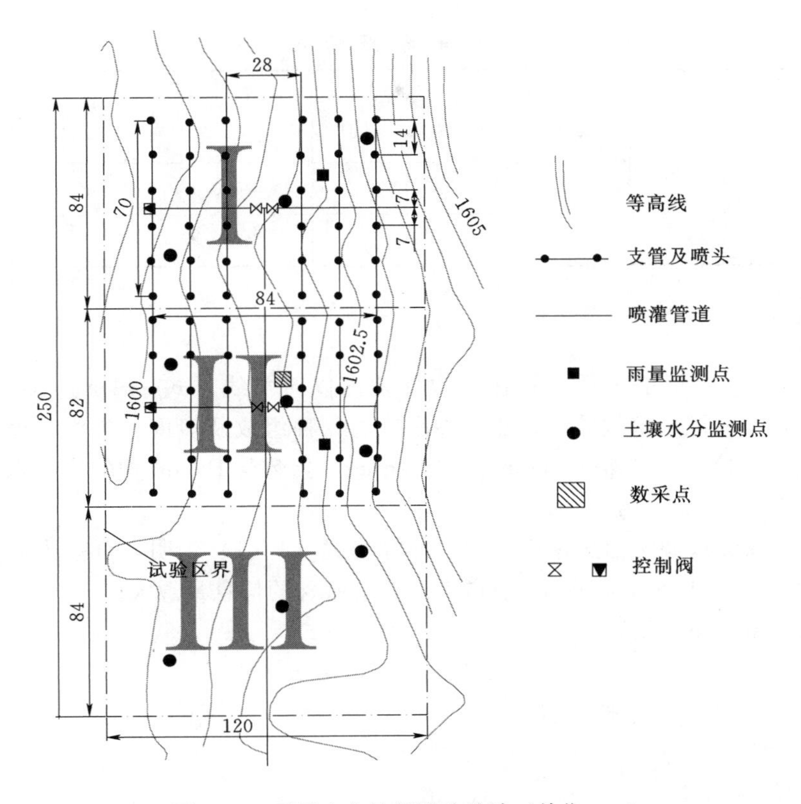

图 4-6 不同水分控制试验设计（单位：m）

基本灌溉Ⅱ区灌溉原则为：在牧草返青分蘖期和抽穗开花期两个关键物候期进行灌溉，其他时期不进行灌溉。根据牧区水科所有关研究成果，荒漠草原区天然草地充足灌溉量为200～300mm，基本灌溉量为100～200mm。该试验区2005年10月封禁，2006年单纯封育，2007年开始在Ⅰ区、Ⅱ区实施喷灌。2007年、2008年和2009年灌溉情况分别见表4.1～表4-3。

表 4-1 **2007 年 灌 溉 情 况** 单位：mm

灌水次数	第1次 5月下旬	第2次 6月中旬	第3次 7月上旬	第4次 8月上旬	第5次 9月中旬	第6次 10月中旬	合计
Ⅰ	25.9	25.9	25.9	40.0	40.0	40.0	197.7
Ⅱ	25.9	25.9	—	40.0	—	40.0	131.8

表 4-2 **2008 年 灌 溉 情 况** 单位：mm

灌水次数	第1次 4月20—21日	第2次 5月25—26日	第3次 7月3—4日	第4次 7月18日	第5次 8月5日	第6次 8月25日	合计
Ⅰ	40.0	40.0	40.0	40.0	40.0	40.0	240
Ⅱ	40.0	40.0	40.0	—	—	—	120

表 4-3　　2009 年灌溉情况　　单位：mm

灌水次数	第 1 次 5 月 15 日	第 2 次 6 月 4 日	第 3 次 7 月 3—4 日	第 4 次 7 月 23—24 日	第 5 次 8 月 27 日	合计
Ⅰ	40.0	40.0	40.0	40.0	40.0	200
Ⅱ	40.0	40.0	40.0	40.0	—	160

4.4.3　植被调查

2007—2009 年，每年 8 月分别在 3 块样地内以对角线方式做 $1m^2 \times 1m^2$ 的样方 15 个，重牧区 15 个，记录植被盖度、建群种高度、物种组成及多度、各物种地上生物量干重，并计算群落的香农-威纳（Shannon - Wienner）指数与 Pielou 均匀度指数表征生态系统特征。

香农-威纳指数来源于信息理论。它的计算公式（4-1）表明，群落中生物种类增多代表了群落的复杂程度增高，即 H 值愈大，群落所含的信息量愈大。

Shannon - Weinner 指数（H）计算公式为

$$H = -\sum |(n_i / N)\ln(n_i/N)| \tag{4-1}$$

式中　n_i——第 i 个种的个体数目；

N——群落中所有种的个体总数。

Pielou 均匀度指数=香农-威纳指数/ln$N$。

4.5　结果与讨论

干旱与放牧干扰对草地生态系统作用显著。重牧区建群种一些地段为低矮的克氏针茅，但更多地段为冷蒿（*Aritimisia frigida*）、银灰旋花（*Convolvulus ammannii*）、猪毛菜（*Salsols collina*）等，Ⅰ区、Ⅱ区、Ⅲ区建群种均为克氏针茅。适宜灌溉Ⅰ区和基本灌溉Ⅱ区群落高度、盖度、产量以及植物种类每年并无显著差异，但各自年际间有不同幅度的变化，表现在高度、盖度和产量方面，2008 年显著高于 2007 年和 2009 年（显著性水平 α=0.05），而植物种类方面，2008 年较低于 2007 年和 2009 年（显著性水平 Q=0.1），如表 4-4、图 4-7 和图 4-8 所示；Ⅰ区和Ⅱ区群落香农-威纳生物多样性指数和 Pielou 均匀度指数每年并无显著差异，但Ⅰ区年际间明显下降趋势（显著性水平 α=0.05），Ⅱ区年际间并无显著差异。无灌溉Ⅲ区群落高度、盖度、产量每年均显著低于Ⅰ区和Ⅱ区（显著性水平 α=0.05），但年际变化趋势与Ⅰ区和Ⅱ区相似；植物种类 2007 年和 2008 年与Ⅰ区和Ⅱ区几乎相同，2009 年Ⅲ区略低于Ⅰ区和Ⅱ区，但相差不显著，然而Ⅲ区植物种类年际变化表现为 2008 年显著高于 2007 年和 2009 年（显著性水平 α=0.05），与Ⅰ区和Ⅱ区明显不同；Ⅲ区各年香农-威纳生物多样性指数和 Pielou 均匀度指数与Ⅱ区相近。重牧区群落高度在 2008 年能达到 17cm，2007 年和 2009 年普遍低于 10cm；植被盖度和产量年际间无显著变化，分别维持在 $30gC/m^2$ 和 $30 \sim 50gC/m^2$，显著低于上述 3 块样地（显著性水平 $\alpha=0.05$）；2008 年重牧区植物种类数、香农-威纳生物多样性指数以及 Pielou 群落均匀度指数明显高于上述 3 块样地，2007 年和 2009 年与 3 块样地并无显著差异。重牧区植被高度、盖度和产量均低于围封草地同等条件下的高度、盖度和产量，如图 4-7 和图 4-8 所示，尤其是在 2006 年、2007 年、2009 年和 2016 年等干旱年份表现得更加突出，如图 4-9 所示。这说明在干旱和放牧的共同作用下，植被受到的影响比单一干旱或放牧条件下的影响更加严重。

表 4-4　2007—2009 年各样地群落数量特征（平均值±95%置信区间）

年度	各样地群落数量特征					
	样地	建群种高度/cm	植物种类	盖度/%	Shannon-Wienner 指数	Pielou 均匀度指数
2009	Ⅰ	53.3±3.7	10.5±1.8	83±7	1.28±0.23	0.55±0.08
	Ⅱ	51.6±3.3	11.7±2.1	77±8	1.56±0.3	0.64±0.1
	Ⅲ	40.2±2.2	7.6±1	52±6	1.38±0.23	0.68±0.1
	重牧区	6.3±1.2	9±1	30±5	1.7±0.15	0.78±0.07
2008	Ⅰ	60.4±3.7	10.6±1.9	87±7	1.6±0.28	0.68±0.09
	Ⅱ	52.8±4	10.4±2	74±14	1.62±0.3	0.69±0.08
	Ⅲ	48.8±2.2	12±2.7	47±6	1.69±0.24	0.69±0.1
	重牧区	15.4±5.1	14±1.7	31±8	2.21±0.13	0.84±0.05
2007	Ⅰ	40.7±8.4	12.1±1.1	76±5	1.71±0.16	0.69±0.05
	Ⅱ	40.7±6.5	13±1.5	72±9	1.72±0.18	0.68±0.06
	Ⅲ	32.1±3.9	11.4±1.4	40±4	1.6±0.12	0.67±0.06
	重牧区	5±0.8	10.1±1.1	30±4	1.66±0.11	0.73±0.05

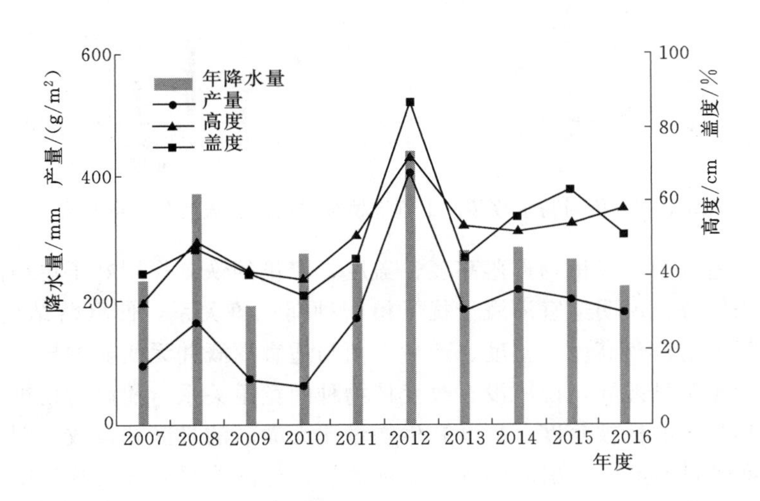

图 4-7　围封草地植被的高度、盖度和产量

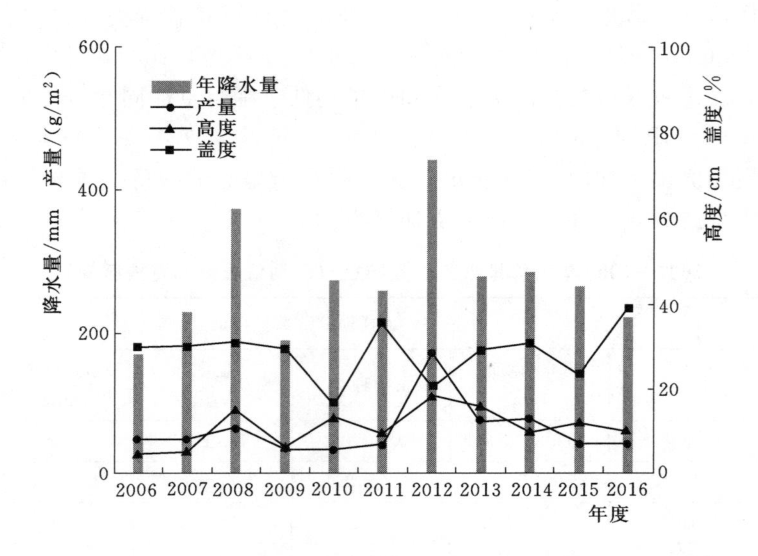

图 4-8　重牧草地植被的高度、盖度和产量

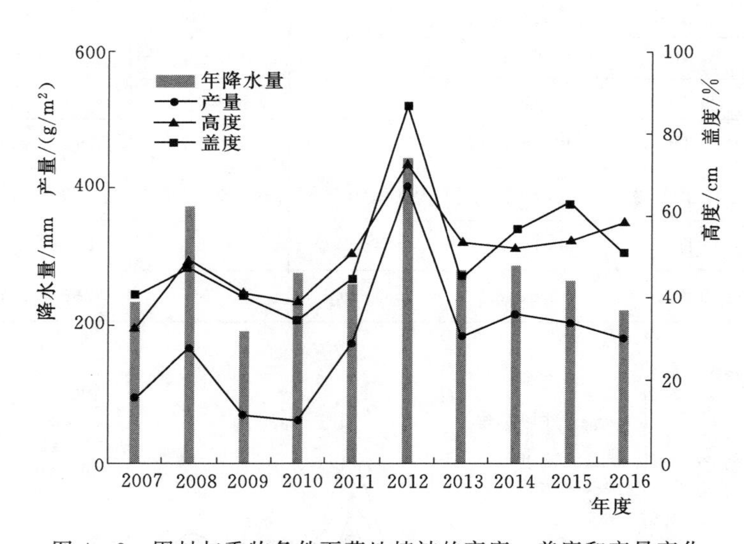

图 4-9　围封与重牧条件下草地植被的高度、盖度和产量变化

总体说来，适宜灌溉对植物群落高度、盖度、产量的恢复作用好于单纯围封，但生物多样性有下降的趋势，说明适宜灌溉干扰了植物种间竞争关系，使群落结构发生了变化。基本灌溉在恢复植物群落高度、盖度、产量方面与适宜灌溉并无明显差异，在生物多样性方面与单纯围封无明显差异，说明没有改变植物种间竞争关系。灌溉对植被的恢复作用显而易见，Ⅰ区和Ⅱ区的植被盖度、高度和生物量比无灌溉的Ⅲ区和重牧区明显要高，而且Ⅱ区和Ⅲ区的灌溉量差异并未引起两样地各项植被指标的明显差异，这说明Ⅱ区的灌溉制度在节约灌溉成本的同时与Ⅰ区灌溉制度在植被恢复方面具有相同的效果。

4.6 本章小结

本书依托于水利部牧科所草原站综合实验基地，以野外人工牧草为研究对象，基于水分控制试验，开展牧业干旱成灾过程研究。利用 2007—2009 年的灌溉实验资料及 2006—2016 年的植被降水观测资料，研究了干旱和放牧对植被的影响。具体结论如下。

(1) 无水分胁迫的适宜灌溉（200～240mm）以农田水利为基础，它可以使草地土壤保持较好的水分状况，极大地调动草地植被的生产性能，草地有较高的生物量。但干扰了多年生植物的繁殖倾向和群落植物的种间竞争关系，对群落结构的稳定性不利，从而影响牧草生产力的高低。

(2) 正常的基本灌溉（120～160mm）以生态学为基础，在恢复植被生产性能的同时，对多年生植物的繁殖倾向和群落植物的种间竞争关系干扰很小，保持了群落结构的稳定性，从而促进了牧草生产力的提高。但应注意的是，停止灌溉后，植被是否会因环境剧变而产生大幅度变化，与之相联系的土壤是否也会发生变化，这些问题有待今后进一步研究。

(3) 干旱与放牧的交互作用对牧草生态特征影响显著。重度放牧区植被高度、盖度和产量均低于围封草地同等条件下的高度、盖度和产量，尤其是 2006 年、2007 年、2009 年和 2016 年等干旱年份表现更加突出。这说明在干旱和放牧的共同作用下植被受到的影响比单一干旱或放牧条件下的影响更加严重。

第5章

牧草生产力干旱影响定量评估模型构建

在基于野外实验和碳饥饿及水分失衡理论分析牧业干旱成灾过程与机制的基础上，研究干旱对牧草产量的影响，基于模型模拟试验获取大量实验样本，进一步探讨并构建干旱对不同草地牧草生产力造成影响的定量评估模型，为科学应对干旱对牧业系统的影响提供依据。

5.1 引言

水是生态系统最为活跃的元素，光合作用等许多生理化学反应都离不开它。在全球气候变化异常的背景下，诸如干旱的极端气候事件愈来愈频繁，美国、加拿大、非洲、南美洲、澳大利亚、中国、印度等地的严重干旱经常与厄尔尼诺现象伴生（Shanahan 等，2009；Yeh 等，2009）。区域性干旱往往造成全球性的影响，旱灾已经成为全球性影响最为广泛的自然灾害（Keyantash 和 Dracup，2002；Sternberg，2011）。全球每年旱灾经济损失高达 60 亿～80 亿美元，1900—2010 年旱灾累计经济损失达 851 亿美元（EM - DAT，2010；Wilhite，2000）。当前干扰格局和全球变化对生态系统可用资源施加了一系列影响，对生态系统生产力造成了严重影响（Van der Molen 等，2011）。中国是一个干旱比较频繁的国家，尤其是干旱和半干旱区域（Liang 等，2006；Piao 等，2010；Xiao 等，2009）。

干旱对社会经济生态造成了严重的影响，已引起世界各国的广泛关注（Bonsal 等，2011；Sternberg，2012）。目前，国内外对干旱的损失评估主要集中在农业方面（包括种植业和畜牧业），其他方面的干旱损失研究较少，如生态和城市生活用水（Ding 等，2011；丁亚，2008）。高志强以土地利用数据和气候数据驱动生态系统过程模型，定量估计土地利用和气候变化对农牧过渡区净初级生产力、植被碳贮量、土壤呼吸和碳贮量的影响（Gao 等，2005）。Chen 利用生态学过程模型分析了美国南部地区 1895—2007 年的干旱对生态系统功能的影响，发现极端干旱条件下净初级生产力的降幅达 40%（Chen 等，2012）。Hao 等基于内蒙古草地生态系统长期观测站观测资料对比分析了干旱年和湿润年碳交换的差异（Hao 等，2008）。一些学者利用草原站点数据统计分析了干旱对草原地上生物量的影响（Bloor 等，2010；Schmid 等，2011）。白永飞和袁文平等分别基于多年草地群落初级生产力和降雨数据，建立了年降水量及其季节分配对植物群落初级生产力影响的积分回归模型，能够较好地反映出了两者之间的一般规律（Peng 和 Zhang，2013；Yin，2009）。

多数学者从生态系统功能角度研究气候变化对生态系统的影响，通过与评估标准对比分析干旱的影响。目前，还未建立草地生产力的干旱影响定量评估的相关模型，尤其是未分析不同等级干旱和不同草地类型 NPP 变化的定量关系。同时，大部分研究关注干旱的强度对陆地生态系统 NPP 的影响（Smith，2011）。然而，干旱的严重性是由干旱的强度和持续时间共同刻画的（Bardgett 等，2013）。降雨变异对草地生产力的影响是随时间的累积效应施加于生态系统的（彭琴等，2012；王玉辉和周广胜，2004）。根据科学研究的基本思路和方法，并参照其他学者的研究方法进行大胆的假设和猜想。因此，从干旱的两个基本要素考虑，干旱对生态系统施加影响可能有以下几个方式，如图 5-1 所示。干旱强度和持续时间可能是相互独立、相互包含、交互影响的这几种可能的方式分别独立或者混合作用于生态系统。

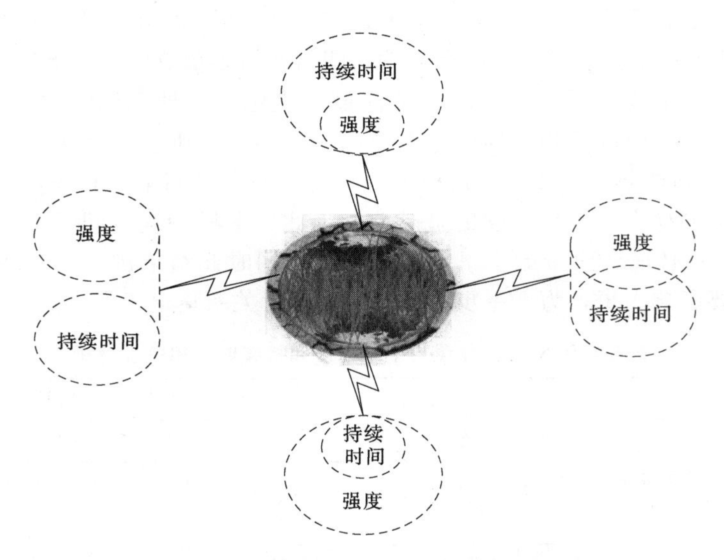

图 5-1 干旱影响生态系统的几种可能方式

首先，本书对于自然界的生态干旱损失所下的定义主要是指水资源短缺造成的植被退化或死亡，导致生态系统生产力下降，生态系统服务功能遭到破坏，通过与正常年对比定量评估干旱对 NPP 造成的影响。其次，本书利用 Biome-BGC 模型模拟干旱条件下，生态系统生产力的变化状况，评估不同等级干旱对不同牧草生态系统的生产力的影响。该模型可以动态量化地描述真实的植被生长、发育和产量形成的过程及其对干旱压力累进的动态响应，并从干旱形成的机理过程逐步刻画的过程，系统考虑了牧草植被形态和环境因素的时空变化对植被生长的影响，逐日模拟生态系统生产力的变化，实时量化评估不同的干旱程度和持续时间对生态系统生产力造成的损失，统计和实验方法无法获得干旱事件造成影响的大量样本数据。在获得干旱影响的大量样本数据的基础上，为进一步探讨和构建不同等级干旱 NPP 异常评估模型提供可能。

5.2 干旱要素特征与牧草NPP变化量的相关性分析

干旱事件是包括一定持续时间、干旱强度及一定影响面积等多个特征变量构成的极端事件（Mishra和Singh，2010；Mishra和Singh，2011；程亮等，2013）。因此，综合干旱事件的基本特征可以从干旱强度和持续时间、影响面积3个方面研究探讨单位影响面积NPP变化与两者的定量关系。在分析此定量关系之前，必须证明干旱强度和持续时间两个要素和NPP变化量的相关性。

研究从不同草地类型NPP变化量分析与干旱特征之间的相关性。通过表5-1～表5-3可以发现，无论哪种相关性分析方法［皮尔森（Pearson）相关、肯德尔（Kendall）相关和斯皮尔曼（Spearman）相关］均表明，草甸草原、典型草原和荒漠草原的单位影响面积NPP变化量与干旱强度和持续时间具有显著相关性。NPP变化与干旱持续时间呈显著负相关关系，与干旱强度呈显著正相关关系。同时，干旱强度与干旱持续时间也呈显著负相关关系，两者的乘积表示干旱的严重性，即两者的累积效应表示干旱的严重性对生态系统的作用力的大小或强弱。干旱的严重性最终决定了草地NPP的变化量。草甸草原NPP变化与干旱持续时间的相关性的绝对值高于其与干旱强度的相关性。典型草原和荒漠草原NPP变化同样与干旱强度呈正相关，与干旱持续时间呈负相关，干旱持续时间对NPP变化的贡献同样大于干旱强度的贡献值。因此，干旱持续时间是研究干旱影响不可忽视的特征要素，必须全面考虑干旱的特征要素。同时此结果进一步表明了干旱是造成NPP的变化重要影响因子，为下一步探讨两者的定量关系奠定了基础。

表5-1　草甸草原NPP变化量与干旱强度和持续时间相关性分析

			干旱强度	干旱持续时间	NPP变化量
皮尔森（Pearson）相关	干旱强度	相关系数	1	−0.583**	0.143**
		显著性		0	0
		N	1920	1920	1920
	干旱持续时间	相关系数	−0.583**	1	−0.309**
		显著性	0		0
		N	1920	1920	1920
	NPP变化量	相关系数	0.143**	−0.309**	1
		显著性	0	0	
		N	1920	1920	1920
肯德尔（Kendall）相关	干旱强度	相关系数	1.000	−0.436**	0.101**
		显著性		0	0
		N	1920	1920	1920
	干旱持续时间	相关系数	−0.436**	1.000	−0.241**
		显著性	0		0
		N	1920	1920	1920

续表

			干旱强度	干旱持续时间	NPP 变化量
肯德尔(Kendall)相关	NPP 变化量	相关系数	0.101**	−0.241**	1.000
		显著性	0	0	
		N	1920	1920	1920
斯皮尔曼(Spearman)相关	干旱强度	相关系数	1.000	−0.585**	0.146**
		显著性		0	0
		N	1920	1920	1920
	干旱持续时间	相关系数	−0.585**	1.000	−0.328**
		显著性	0		0
		N	1920	1920	1920
	NPP 变化量	相关系数	0.146**	−0.328**	1.000
		显著性	0	0	
		N	1920	1920	1920

** 相关性在 0.01 层上显著。

表 5-2 典型草原 NPP 变化量与干旱强度和持续时间相关性分析

			干旱强度	干旱持续时间	NPP 变化量
皮尔森(Pearson)相关	干旱强度	相关系数	1	−0.648**	0.155**
		显著性		0	0
		N	2174	2174	2174
	干旱持续时间	相关系数	−0.648**	1	−0.282**
		显著性	0		0
		N	2174	2174	2174
	NPP 变化量	相关系数	0.155**	−0.282**	1
		显著性	0	0	
		N	2174	2174	2174
肯德尔(Kendall)相关	干旱强度	相关系数	1.000	−0.517**	0.124**
		显著性		0	0
		N	2174	2174	2174
	干旱持续时间	相关系数	−0.517**	1.000	−0.225**
		显著性	0		0
		N	2174	2174	2174
	NPP 变化量	相关系数	0.124**	−0.225**	1.000
		显著性	0	0	
		N	2174	2174	2174

续表

			干旱强度	干旱持续时间	NPP 变化量
斯皮尔曼（Spearman）相关	干旱强度	相关系数	1.000	−0.678**	0.187**
		显著性		0	0
		N	2174	2174	2174
	干旱持续时间	相关系数	−0.678**	1.000	−0.304**
		显著性	0		0
		N	2174	2174	2174
	NPP 变化量	相关系数	0.187**	−0.304**	1.000
		显著性	0	0	
		N	2174	2174	2174

** 相关性在 0.01 层上显著。

表 5-3　　荒漠草原 NPP 变化量与干旱强度和持续时间相关性分析

			干旱强度	干旱持续时间	NPP 变化量
皮尔森（Pearson）相关	干旱强度	相关系数	1	−0.553**	0.252**
		显著性		0	0
		N	434	434	434
	干旱持续时间	相关系数	−0.553**	1	−0.533**
		显著性	0		0
		N	434	434	434
	NPP 变化量	相关系数	0.252**	−0.533**	1
		显著性	0	0	
		N	434	434	434
肯德尔（Kendall）相关	干旱强度	相关系数	1.000	−0.419**	0.160**
		显著性		0	0
		N	434	434	434
	干旱持续时间	相关系数	−0.419**	1.000	−0.306**
		显著性	0		0
		N	434	434	434
	NPP 变化量	相关系数	0.160**	−0.306**	1.000
		显著性	0	0	
		N	434	434	434
斯皮尔曼（Spearman）相关	干旱强度	相关系数	1.000	−0.569**	0.251**
		显著性		0	0
		N	434	434	434
	干旱持续时间	相关系数	−0.569**	1.000	−0.421**
		显著性	0		0
		N	434	434	434
	NPP 变化量	相关系数	0.251**	−0.421**	1.000
		显著性	0	0	
		N	434	434	434

** 相关性在 0.01 层上显著。

5.3 牧草生产力干旱影响量化评估模型构建

干旱强度和持续时间是相互独立、相互包含、交互作用的，这几种方式可能分别独立，也可能混合作用于生态系统。因此，本书从线性关系模型到非线性关系模型进行尝试，最后进一步尝试以混合关系模型评估干旱对 NPP 的影响。

5.3.1 牧草生产力干旱影响线性评估模型

受其他研究发现的 NPP 和年降雨具有良好线性关系的启发并遵循简单的科学原理，本书首先探索干旱和 NPP 之间的线性关系。通过图 5-2 可以发现，NPP 变化量与干旱强度和持续时间存在较好的线性响应关系。所有草原类型以及草甸草原、典型草原和荒漠草原的 NPP 变化与干旱强度和持续时间的线性关系存在显著差异，表明草地 NPP 对干旱

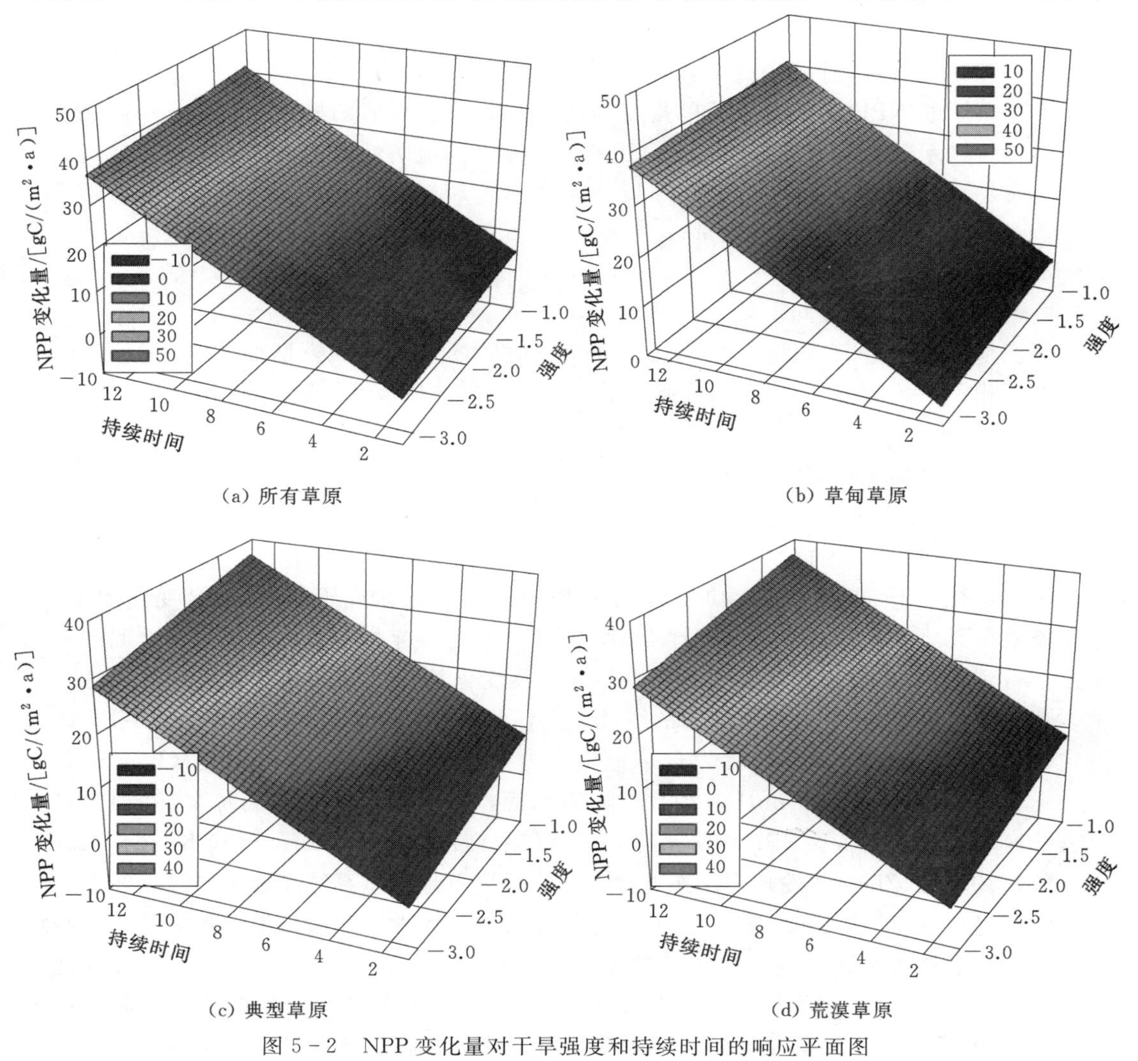

图 5-2 NPP 变化量对干旱强度和持续时间的响应平面图

的响应与草地类型关系密切。荒漠草原、典型草原和草甸草原的倾斜度依次下降，反映了干旱对草地 NPP 的影响不断降低。

所有草原类型的 NPP 变化量与干旱强度和持续时间的线性回归模型如式（5-1）所示，回归方程相关系数为 $R=0.31$，且通过了 0.001 水平的显著性检验，即

$$z=2.28x+3.024y+4.278 \tag{5-1}$$

式中　z——草原 NPP 变化量；

x——干旱强度；

y——干旱持续时间。

草甸草原的 NPP 变化量与干旱强度和持续时间的线性回归模型如式（5-2）所示，回归方程相关系数为 $R=0.32$，且通过了 0.001 水平的显著性检验，即

$$z=1.584x+2.804y+5.755 \tag{5-2}$$

式中　z——草甸草原 NPP 变化量；

x——干旱强度；

y——干旱持续时间。

典型草原的 NPP 变化量与干旱强度和持续时间的线性回归模型如式（5-3）所示，回归方程相关系数为 $R=0.24$，且通过了 0.001 水平的显著性检验，即

$$z=4.034x+2.386y+10.156 \tag{5-3}$$

式中　z——典型草原 NPP 变化量；

x——干旱强度；

y——干旱持续时间。

荒漠草原的 NPP 变化量与干旱强度和持续时间的线性回归模型如式（5-4）所示，回归方程相关系数为 R=0.554，且通过了 0.001 水平的显著性检验，即

$$z=-0.123x+6.34y-15.487 \tag{5-4}$$

式中　z——荒漠草原 NPP 变化量；

x——干旱强度；

y——干旱持续时间。

本书综合了干旱强度、持续时间和单位影响面积定量研究干旱和 NPP 变化的关系。基于栅格单元尺度，通过对不同草地类型不同干旱事件多年样本数据明确两者之间的定量关系，得到干旱对 NPP 变化影响的平均态方程及变化趋势预测，具有较高的可靠性。其他学者从年尺度探讨了 NPP 与降雨的线性关系，但从更大时间尺度探讨干旱对 NPP 影响的定量研究相对较少。众多学者发现草地生产力与年降水量呈显著正相关（Ives 和 Carpenter，2007；Knapp 和 Smith，2001；陈佐忠等，1988；张新时和高琼，1997）。对全球其他区域的草地而言，NPP 与降水存在显著的线性回归关系（Briggs 和 Knapp，1995；Sala 等，1988）。Zhou 等发现中国东北样带降水梯度草地生态系统净地上初级生产力与降水量之间呈线性相关（Zhou 等，2001）。还有学者通过线性回归模拟发现年际降水量与地上生物量、春夏两季降水量与地下生物量关系比较密切（陈佐，1990）。GUO 等发现对不同草地类型在 NPP 采样样本不足的情况下，NPP 和年降水之间存在显著指数响应关系，当 NPP 采样样本比较充足时，NPP 和年降水之间存在显著线性响应关系；然而当不

同草地类型 NPP 样本混合一起时，NPP 和年降水之间又存在显著指数响应关系（Ding 等，2016）。这可能是由不同草地类型的植被功能类型的不同及其对降水响应敏感性的差异造成的（Huxman 等，2004a；O'connor 等，2001；Paruelo 等，1999）。荒漠草原 NPP 变化量与干旱强度和持续时间的相关性高于草甸和典型草原，典型草原的相关性又高于草甸草原的相关性，这与其他学者的研究成果比较一致（郭群等，2013）。这表明自西向东随着降雨的增加，干旱对不同类型 NPP 的影响程度逐渐降低，即降水的作用逐渐下降。草甸草原和典型草原的 NPP 变化量与干旱强度和持续时间的相关性比较接近。由于典型草原回归样本（$N=4211$）大于草甸草原（$N=1070$），造成相关系数较低。荒漠草原、典型草原和草甸草原对干旱响应的倾斜度依次下降，与其他学者发现的从干旱区到湿润区草地地上净初级生产力对年降雨量的敏感性逐渐增强的结论是一致的（Ding 等，2016）。线性回归方程最为简单也最为实用，在一定程度上能够满足干旱对草地 NPP 变化影响的定量评估需求。

5.3.2 牧草生产力干旱影响非线性评估模型

通过表 5-1～表 5-3 可以发现，干旱强度和持续时间不是相关独立的，而是相互作用的。因此，在构建线性生产力干旱损失评估定量模型的基础上，本书进一步猜想 NPP 变化和干旱的关系是否存在一定程度非线性响应。干旱强度和持续时间对 NPP 变化的影响必然是交互的，而且相关学者已证明 NPP 对干旱的响应是非线性的（Hodgkinson 和 Müller，2005；Meir 等，2008）。因此，干旱强度和持续时间对 NPP 的影响不是相互独立的，可能是交互作用于生态系统的。干旱对生态系统的影响是干旱强度随着持续时间的发展逐渐产生的累积效应施加的，所以本书进一步假设 NPP 变化对干旱强度和持续时间的响应是非线性的，有必要进一步探讨干旱强度和持续时间对 NPP 的交互作用。

一些学者发现内蒙古锡林河流域植物群落的地上生产力随着降水量的增加而增加，且与降水量呈幂函数关系（周广胜和王玉辉，2000）。朴世龙等发现草地植被地上生物量与当年最大 NDVI 值存在较好的幂函数相关关系（朴世龙等，2004）。通过比较不同的非线性响应模型，本书发现幂函数可能比较适合用于拟合 NPP 变化和干旱之间的关系。图 5-2 为 NPP 变化对干旱强度和持续时间交互作用的响应平面图，从图中可以直观地看出干旱强度和持续时间的交互作用对草地 NPP 变化的影响。响应面曲面图的曲面坡度越大，变化越明显，表示强度和持续时间的交互作用对 NPP 的影响越大。通过图 5-3 可以发现，NPP 变化量与干旱强度和持续时间存在较好的非线性响应关系，随着干旱强度和持续时间的同时增加 NPP 损失不断变大。荒漠草原曲面坡度最大，表示干旱强度和持续时间的交互作用对 NPP 的影响越强；草甸草原的曲面坡度较大，曲面坡度最小的是典型草原。干旱强度和持续时间的交互作用对不同草地类型 NPP 的影响强弱为：荒漠草原＞草甸草原＞典型草原。将 3 种草地类型 NPP 合在一起，干旱强度和持续时间的交互作用对所有草地 NPP 的影响强弱处于荒漠草原和典型草原之间。

所有草原 NPP 变化量与干旱强度和持续时间的非线性回归模型如式（5-5）所示，回归方程相关系数为 $R=0.28$，且通过了 0.001 水平的显著性检验，即

$$z=-0.67xy^{1.118}+0.738 \tag{5-5}$$

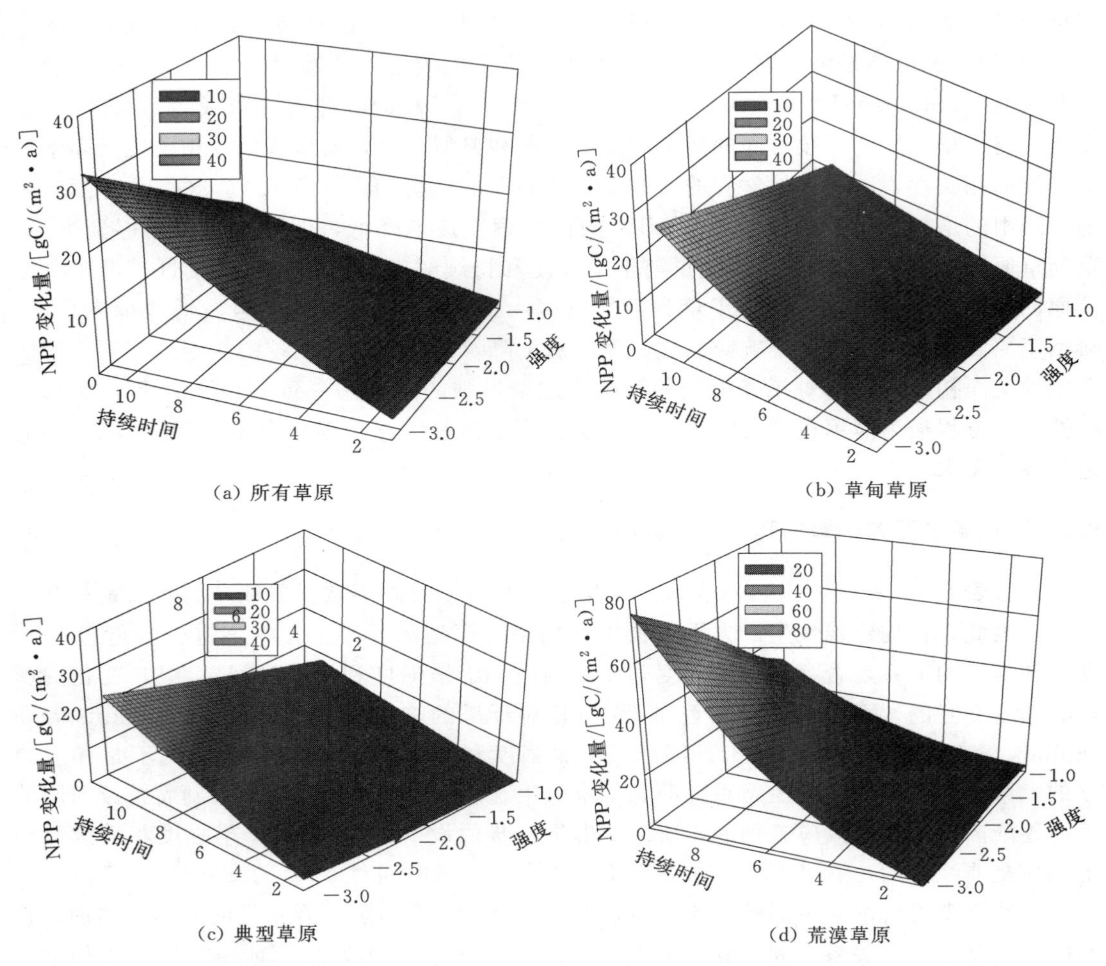

图 5-3 NPP 变化量对干旱强度和持续时间交互作用的响应关系曲面图

式中 z——草原 NPP 变化量；

x——干旱强度；

y——干旱持续时间。

草甸草原 NPP 变化量与干旱强度和持续时间的非线性回归模型如式（5-6）所示，回归方程相关系数为 $R=0.27$，且通过了 0.001 水平的显著性检验，即

$$z=0.479xy^{1.202}-2.108 \tag{5-6}$$

式中 z——草甸草原 NPP 变化量；

x——干旱强度；

y——干旱持续时间。

典型草原 NPP 变化量与干旱强度和持续时间的非线性回归模型如式（5-7）所示，回归方程的相关系数为 R=0.25，且通过了 0.001 水平的显著性检验，即

$$z=0.973xy^{0.911}+0.854 \tag{5-7}$$

式中 z——典型草原 NPP 变化量；

x——干旱强度；

y——干旱持续时间。

荒漠草原 NPP 变化量与干旱强度和持续时间的非线性回归模型如式（5－8）所示，相关系数为 $R=0.53$，且回归方程通过了 0.001 水平的显著性检验，即

$$z=0.236xy^{2.020}-2.387 \tag{5-8}$$

式中　z——荒漠草原 NPP 变化量；

x——干旱强度；

y——干旱持续时间。

荒漠草原 NPP 变化量与干旱强度和持续时间的相关性显著高于草甸草原和典型草原，这表明荒漠草原对水分的依赖性大于草甸草原和典型草原，这与线性模拟结果比较一致。草甸草原和典型草原的 NPP 变化量与干旱强度和持续时间的相关性比较接近。草地 NPP 变化受干旱强度和持续时间的共同作用，但不同草地类型时，两者的权重差异比较大。在水分条件相对较好的草甸草原，同等干旱强度下 NPP 变化受干旱持续时间的影响更大。在水分条件中等的典型草原，NPP 变化受干旱强度和持续时间影响的权重系数几乎相当，强度的权重系数略微大于持续时间的权重系数。在水分条件恶劣的荒漠草原，NPP 变化受干旱持续时间影响的权重系数显著高于强度的权重系数，因为荒漠草原水分对植被的限制作用十分强烈。这就充分解释了干旱强度大、持续时间短时，NPP 变化相对较小；而干旱强度小、持续时间长时，NPP 变化反而相对较大的现象。比如，发生在典型草原的一次极端干旱事件，持续时间为 1 个月，造成的 NPP 损失仅为 15.46gC/(m^2 · a)，而一次中等干旱事件，持续时间为 8 个月，造成的损失为 43.57gC/(m^2 · a)。可见，NPP 变化的幅度是由干旱强度和持续时间的综合作用决定的，而这又是由干旱的累积效应即干旱严重性的最终作用力决定的。

5.3.3　牧草生产力干旱影响综合评估模型

在一定程度上，线性和非线性生产力干旱损失评估定量模型能够较好地评估和预测干旱对 NPP 的定量影响及其变化趋势，能较好地反映一定干旱强度和持续时间对 NPP 造成的平均影响。然而根据图 5－1 的假设，干旱对生态系统施加影响可能有以下几个方式：相互独立、相互包含、交互影响。那么，干旱对生态系统的影响会不会是几种方式的综合作用呢？通过其他数据对评估模型的有效性进行检验，发现单独使用线性和非线性生产力干旱损失评估定量模型不如两者同时使用时干旱对 NPP 的影响评估效果更好。因此，进一步修正假设模型，采用基于两者改进的生产力干旱损失综合评估模型对干旱对草地生产力影响进行评价。

在进行多次改进后，发现生产力干旱损失综合评估模型表现更优异。通过图 5－4 可以看出，NPP 变化与干旱强度和持续时间存在复杂的响应关系。所有草地 NPP 对干旱的响应速率先缓慢增加，达到最高值之后下降速率比较快。从不同等级干旱损失百分比分析，中等干旱对所有草地类型 NPP 造成的影响比较严重，这是由中等干旱的发生频率较高造成的。从切面斜率来看，荒漠草原＞典型草原＞草甸草原，表明自东向西草甸草原、典型草原和荒漠草原对干旱的敏感性逐渐增强。荒漠草原对干旱的抵抗能力最大，超越一

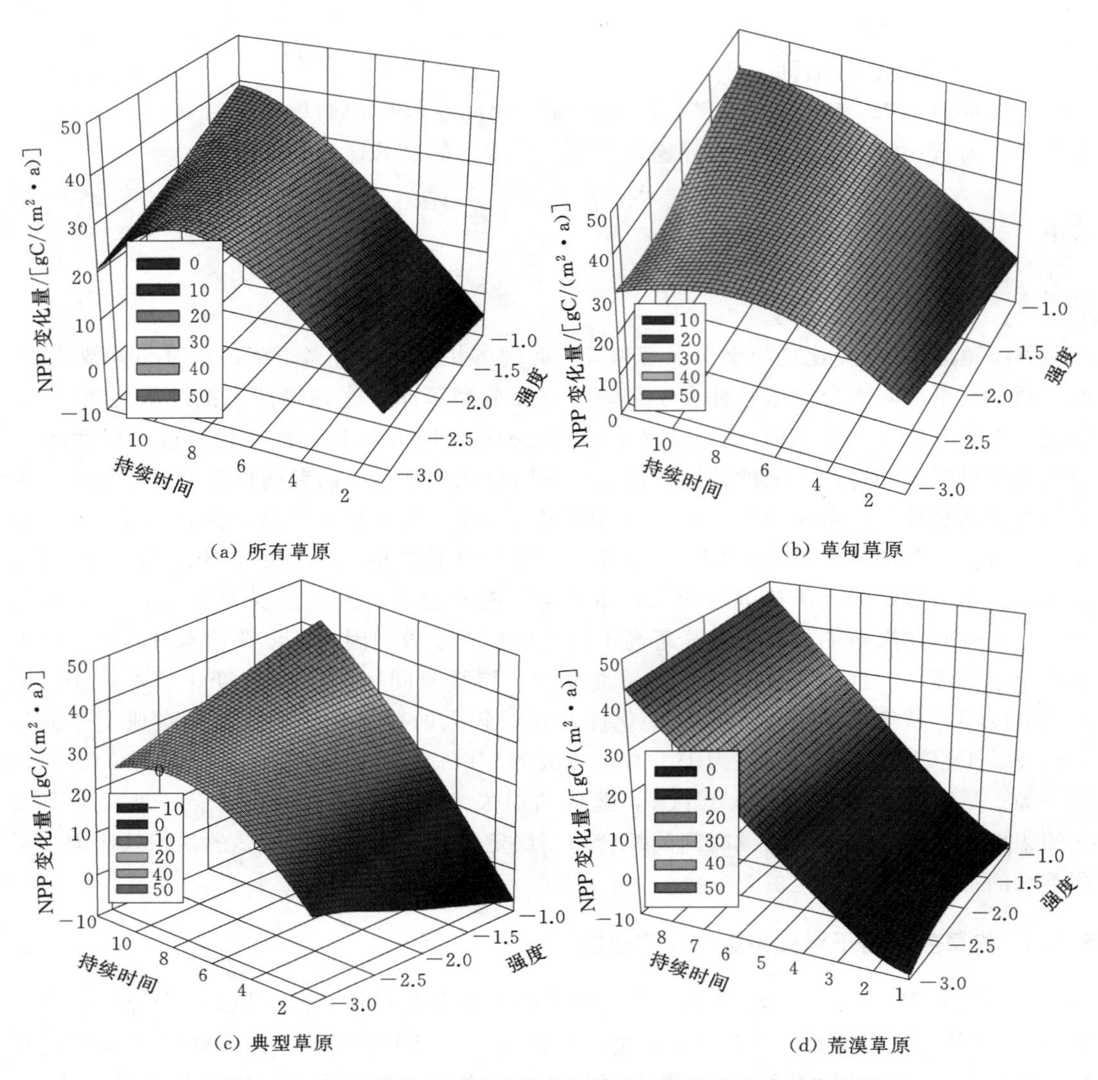

图 5－4　NPP 变化量对干旱强度和持续时间的响应关系曲面图

定干旱阈值，几乎随干旱发展呈线性趋势增长，对干旱的响应速率先慢后快，导致整体上干旱的响应速率最快，NPP 损失最严重。根据样本统计发现，荒漠草原无论哪种等级的干旱，若干旱的持续时间超过 6 个月，均会对荒漠草原 NPP 产生严重的影响。草甸草原和典型草原，虽然刚开始 NPP 减少速度较快，但达到峰值后，呈现下降的趋势。中等干旱和严重干旱对草甸草原和典型草原造成的损失相对更严重，由两者的发生频率较高所致。草甸草原对干旱响应的敏感性相对较弱，持续时间短的严重干旱和极端干旱产生对 NPP 的影响也相对较小。典型草原对干旱响应的敏感性变强，并出现了持续时间较短的干旱造成了 NPP 增加的现象。在干旱年份，这种现象同样出现在爱尔兰草原、北美混合大草原、巴西和非洲稀树草原（Jaksic 等，2006；Miranda 等，1997；Scott 等，2010），可能由于在干旱时期提高了水分利用效率（Signarbieux 和 Feller，2012；Soussana 和

Lüscher，2007）或改变了营养生长和生育生长阶段的资源分配（Gilgen 和 Buchmann，2009b；Mirzaei 等，2008）。荒漠草原对干旱的响应最为敏感，几乎呈线性变化趋势，这是由严酷的水分等生长环境决定的，干旱在一定程度上加剧了这种严重性。荒漠草原也出现了 NPP 增加的现象，但是增加的趋势和幅度没有典型草原显著，从可利用资源的角度分析，原因是荒漠草原土壤相对贫瘠，可利用水分较少。

所有草原 NPP 变化量与干旱强度和持续时间的综合回归模型如式（5－9）所示，回归方程相关系数为 $R=0.57$，且通过了 0.001 水平的显著性检验，即

$$z=-4.294x+5.282y+0.001xy^{3.84}-14.513 \tag{5-9}$$

式中　z——草原 NPP 变化量；

x——干旱强度；

y——干旱持续时间。

草甸草原 NPP 变化量与干旱强度和持续时间的综合回归模型如式（5－10）所示，回归方程相关系数为 $R=0.37$，且通过了 0.001 水平的显著性检验。

$$z=-1.873x+4.152y+0.007xy^{3.081}-2.719 \tag{5-10}$$

式中　z——草甸草原 NPP 变化量；

x——干旱强度；

y——干旱持续时间。

典型草原 NPP 变化量与干旱强度和持续时间的综合回归模型式（5－11）所示，回归方程相关系数为 $R=0.54$，且通过了 0.001 水平的显著性检验。

$$z=-8.077x+6.541y+0.121xy^{2.020}-22.898 \tag{5-11}$$

式中　z——典型草原 NPP 变化量；

x——干旱强度；

y——干旱持续时间。

荒漠草原 NPP 变化量与干旱强度和持续时间的综合回归模型如式（5－12）所示，回归方程相关系数为 $R=0.58$，且通过了 0.001 水平的显著性检验。

$$z=2.195x+7.698y-6.135xy^{-1.366}-20.053 \tag{5-12}$$

式中　z——荒漠草原 NPP 变化量；

x——干旱强度；

y——干旱持续时间。

综上所述，草地生产力干旱损失评估综合模型能够更好地反映干旱造成的影响，不同草地类型回归方程的相关系数显著提高，均通过了 0.001 水平的显著性检验。在一定范围内，NPP 变化与干旱强度和持续时间存在线性响应关系；同样在一定范围内，NPP 变化与干旱强度和持续时间存在非线性响应关系。但总体来说，NPP 变化与干旱强度和持续时间存在线性和非线性的混合响应关系才更能反映干旱的真实影响。在自然界中，生态系统对多因子（温度、CO_2 和降雨变化）的响应是复杂的非线性过程（Zhou 等，2008）。同样，一些学者发现草地对其他因子的响应是非线性的，如过去和未来 CO_2 浓度（Gill 等，2002）。因此，NPP 变化的综合评估方程更为合理。对羊草的研究发现，随着土壤水分胁迫的增加，叶片光合速率随着水分胁迫的增加而减小，羊草种群的净 CO_2 交换速率

随着水分胁迫的增加而减小，其日交换量随着水分胁迫的增加而增加，且在60%～65%时达到最高，而后呈下降趋势（王云龙，2008；王云龙等，2004）。还其他学者发现，克氏针茅草地GEP对土壤温度和水分响应呈倒“U”形规律（李琪等，2011）。

5.4　不同等级干旱与牧草NPP异常的定量关系

从草地类型上看，同一等级的干旱事件对草地NPP造成的平均损失自荒漠草原、典型草原和草甸草原逐渐增加，而且不同等级干旱对同一类型草地生产力造成的损失也出现逐渐增加的现象。干旱和草地生产力之间到底存在什么样的关系？首先从干旱的起因出发，基于SPI指数分析了NPP与年降水量的关系。从图5-5看出，不同站点NPP变化量与降水量的多少均呈显著线性相关，均通过了0.001显著性水平的检验，其中SPI正值表示湿润，负值表示干旱。草甸草原与SPI_12的R^2最高，其次是典型草原，最低的是荒漠草原。众多学者发现草地生产力与年降水量呈显著正相关（Ives和Carpenter，2007；Knapp和Smith，2001；陈佐忠等，1988；张新时和高琼，1997）。对全球其他区域的草地而言，NPP与降水存在显著的线性回归关系（Briggs和Knapp，1995；Sala等，1988）。在降水梯度变化控制实验中，Yahdjian和Sala也发现ANPP和年降水量存在显著线性关系（Yahdjian和Sala，2006）。Zhou等发现中国东北样带降水梯度草地生态系统净地上初级生产力与降水量之间呈线性相关（Zhou等，2001）。

尽管其他学者从年尺度探讨了NPP与降水的线性关系，但从更大时间尺度探讨干旱对NPP影响的定量研究相对较少。本书进一步剥茧抽丝，剔除湿润状态下NPP的干扰，分析干旱和草地NPP变化之间的关系。基于区域每次不同等级干旱事件对NPP影响的平均值，统计分析中等以上干旱和草地NPP变化的关系。综合前面所述，内蒙古干旱的发生具有较强的区域性，不同区域可能同时发生不同等级的干旱事件，导致按照干旱事件影响统计分析时干旱事件总数大于总年数（52年）。通过不同等级干旱与不同草地类型NPP变化量的回归发现，不同等级干旱和草地NPP变化存在显著的指数增长关系，$R^2=0.56$，$p<0.001$，如图5-6所示。Chen等研究发现12-month SPI能够显著解释38%的NPP变异，生长季SPI能够解释51%的NPP变异，其余变异由土壤属性、土地利用类型、干旱与气候变化的交互影响等解释（Chen等，2012）。本书基于3-month SPI的识别干旱事件是包含干旱持续事件在内的比较完整的事件过程，能捕捉到更多的干旱信息，同时研究区为水分限制区域，可能是导致干旱事件对草地NPP的变异解释率更高的原因。另外，干旱发生时间对NPP影响可能比较重要（Blaikie等，2014；Fay等，2000；Jentsch等，2011）。Guo等发现不同季节的降水对草地NPP的影响比较显著（Ding等，2016）。同一等级干旱尽管持续时间一样，由于发生在草地植被生长的不同物候生长阶段，可能对草地NPP造成的影响存在较大差异，对NPP损失评估及模型构建造成了较大的不确定性。而且SPI的计算基于降水数据，未考虑植被需水和生态失水等因素，导致SPI对NPP变化解释较低，这也进一步说明了生态系统对气象干旱影响具有一定的缓冲性。

进一步研究发生在不同类型草地的不同等级干旱事件造成的影响，同样通过每次干旱事件对NPP影响的平均值和SPI_3的严重性平均值进行回归分析，发现不同类型草地

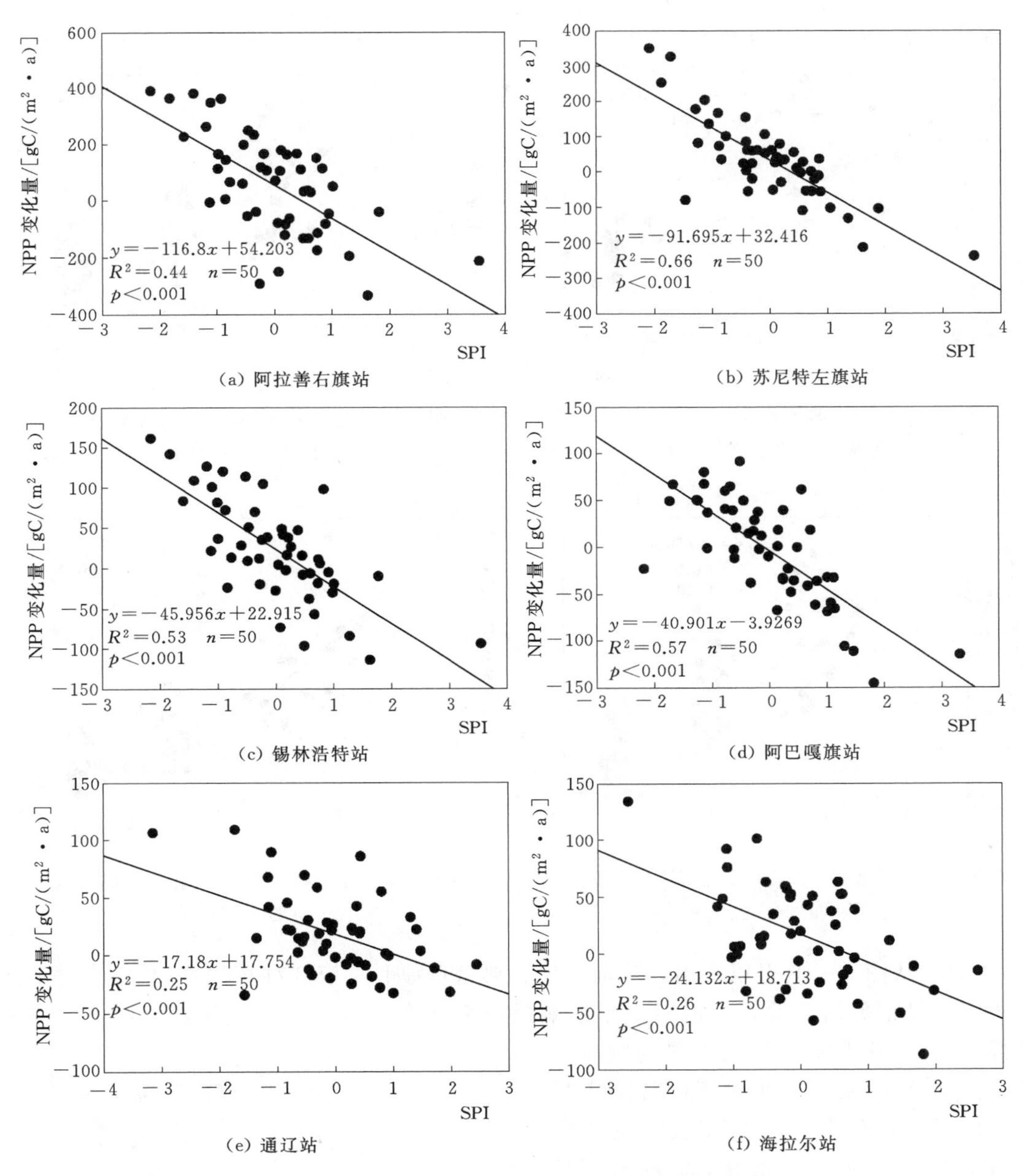

(a) 阿拉善右旗站　(b) 苏尼特左旗站

(c) 锡林浩特站　(d) 阿巴嘎旗站

(e) 通辽站　(f) 海拉尔站

图 5-5　不同站点 NPP 变化与 SPI_12 关系的散点图

NPP 变化和干旱也呈显著的指数关系，但不同类型草地 NPP 对干旱的响应存在较大差异。图 5-7 描述了草甸草原 NPP 对不同等级干旱响应的指数关系，干旱对草甸草原 NPP 变化的解释率为 0.47（$R^2=0.47$），对 NPP 变异的解释率比较显著（$p<0.001$，$N=80$）。图 5-8 描述了典型草原 NPP 对不同等级干旱响应的指数关系，干旱对典型草原 NPP 变化的解释率为 0.60（$R^2=0.60$），对 NPP 变异的解释率比较显著（$p<0.001$，$N=89$）。图 5-9 描述了荒漠草原 NPP 对不同等级干旱响应的指数关系，干旱对荒漠草原 NPP 变化的解释率为 0.62（$R^2=0.62$），对 NPP 变异的解释率比较显著（$p<0.001$，

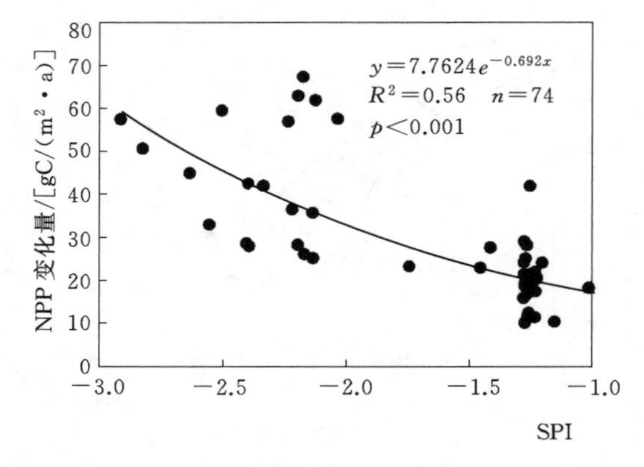

图5-6　3种草地类型NPP变化对不同等级干旱的响应关系

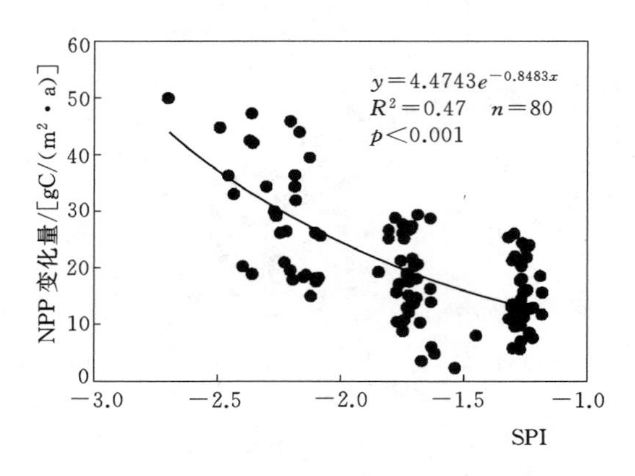

图5-7　草甸草原NPP变化对不同等级干旱的响应关系

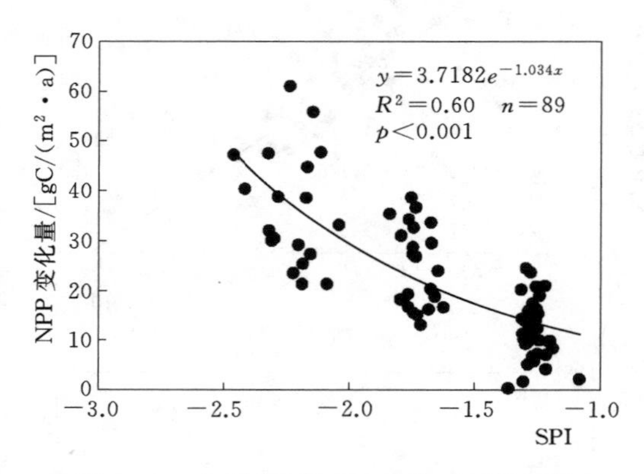

图5-8　典型草原NPP变化对不同等级干旱的响应关系

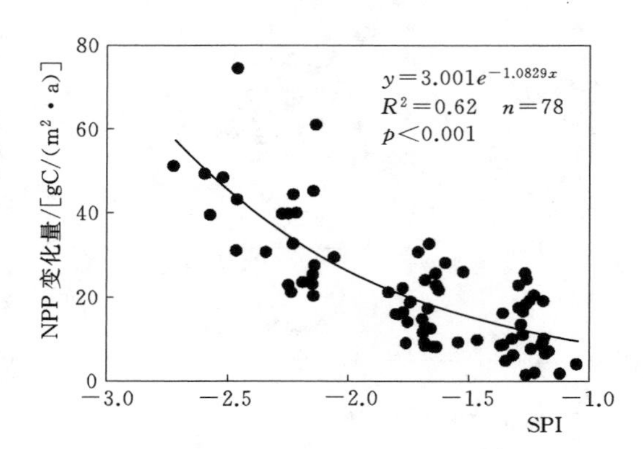

图5-9　荒漠草原NPP变化与不同等级干旱的响应关系

$N=78$)。从图5-10可以看出，草甸草原、典型草原和荒漠3种草原NPP变化对不同等级干旱呈指数回归关系，但对干旱的响应速率存在一定程度的差异。整体上，典型草原NPP变化对不同等级干旱的响应最快；草甸草原NPP变化对不同等级干旱的响应最慢；荒漠草原NPP变化对不同等级干旱的响应速度处于草甸和典型草原NPP变化响应速率之间。在发生中等干旱和严重干旱时，荒漠草原NPP变化的响应速度低于草甸草原和典型草原NPP的变化速率，但是在极端干旱时荒漠草原NPP变化的响应速度高于草甸和典型草原NPP的变化速率。不同等级干旱对不同类型草地NPP造成的平均损失也佐证了这一结论。并不是沿草甸草原、

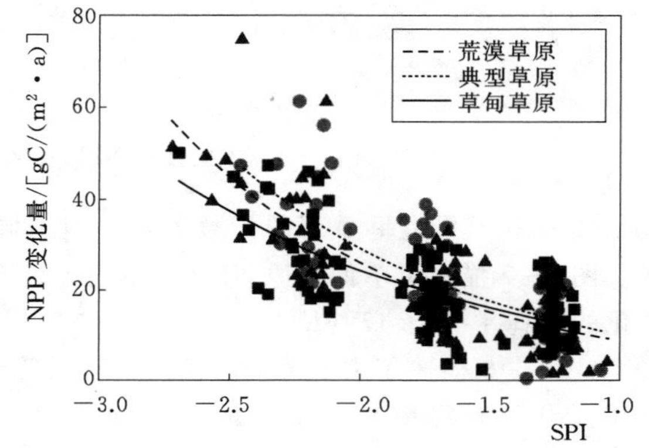

图5-10　不同类型草地NPP变化与不同等级干旱的响应关系

典型草原和荒漠草原的梯度变化对干旱的响应速率逐渐递增或递减，而是比较复杂的响应关系。由于不同类型草地生产力基数（平均生产能力）的大小关系为草甸草原＞典型草原＞荒漠草原，在 NPP 损失绝对量相差不大的情况下，典型草原 NPP 变化对干旱的响应速率可能高于草甸草原对干旱的响应速率；荒漠草原对不利环境的抗逆能力强于典型草原，中等干旱和严重干旱情况下典型草原 NPP 变化对干旱的响应速率高于荒漠草原对干旱的响应速率。这也进一步表明草地 NPP 对干旱的响应与生态系统类型、干旱事件的严重性（强度和持续时间）、生态系统生产力基数存在密切关系。Peng 等发现年降水量、季节分配、频率显著调控着内蒙古草地碳循环的基本过程（Peng 等，2013）。干旱对内蒙古生产力影响的不确定性主要是由干旱强度、持续时间和影响面积以及植被对降水亏缺的累积和滞后效应共同决定的（Pei 等，2013）。草地生产力变化的不确定性也可能主要由气候的年际波动和生物量动态控制的（Flanagan 等，2002；Meyers，2001；Niu 等，2010）。

Guo 等发现对不同草地类型在 NPP 采样样本不足的情况下，NPP 和年降水之间存在显著指数响应关系；当 NPP 采样样本比较充足时，NPP 和年降水之间存在显著线性响应关系。然而当不同草地类型 NPP 样本混合一起时，NPP 和年降水之间又存在显著指数响应关系（Ding 等，2016）。这可能是由不同草地类型的植被功能类型的不同及其对降水响应敏感性的差异造成的（Huxman 等，2004a；O′connor 等，2001；Paruelo 等，1999）。荒漠草原 NPP 变化量与干旱的决定系数高于草甸和典型草原，典型草原的决定系数又高于草甸草原的决定系数，这与其他学者的研究成果比较一致（郭群等，2013）。这表明自西向东随着降水的增加，干旱对不同类型 NPP 的影响程度逐渐降低，即降水的作用逐渐下降。荒漠草原对干旱的响应速率最快，其次是典型草原，最慢的是草甸草原。对于同一草地类型而言，不同等级的干旱事件造成的 NPP 损失从中等干旱、严重干旱和极端干旱也是逐渐加重，且呈现指数增长的关系。这与众多学者发现的年降水与 NPP 之间存在着显著的指数关系的结论一致（Hu，2010；Ma 等，2008）。内蒙古草地 NPP 对年降水亏缺的响应是非线性的结论，进一步证明本书研究结果的合理性（Peng 等，2013）。水分是内蒙古草原植被生长的主要限制因子，而内蒙古草地植被多属中生植物或旱生植物，在生长季节基本可以得到较充分的水分供应，但降水分配节律变异较大，有时植被必须依靠庞大的根系获取水分（Zhao 和 Running，2010；陈全功等，2006）。草甸草原、典型草原和荒漠草原有不同的生态系统结构和功能，这就解释了荒漠草原由于庞大的地下根系能够获取生长所需的水分从而可以抵御中等干旱和严重干旱而未出现生产力严重下降。同时荒漠草原的水分利用效率在干旱时高于典型草原和草甸草原的水分利用效率（Ding 等，2016；Paruelo 等，1999）。但是随着干旱进一步发展到比较严重的地步或当发生极端干旱时，地下水分蒸发强烈而发生严重亏缺，荒漠草原植被无法满足生长所需的水分，从而导致生产力下降严重，也导致荒漠草原对干旱的响应速率加快。典型草原和草甸草原的根系不及荒漠草原发达，导致一旦发生干旱获取土壤水分的能力较低，随着干旱的发展生产力持续下降，响应速率比较平缓，从而造成生产力下降相对较严重。

5.5　模型精度评价

为了进一步评估模型的适用性，有必要采用未参与建模的其他数据进行验证与评价。在人工智能和遥感影像分类中，混淆矩阵（Confusion Matrix）是用于图像分类评价的可视化工具。其中图像精度评价主要用于比较分类结果和实际测得值，可以把分类结果的精度显示在一个混淆矩阵里面。因此，本书借鉴混淆矩阵的评估思路，随机对 53 个站点采用检验值与模拟值的误差矩阵和均方根误差（RMSE）评估草地生产力干旱损失和综合模型的精度。由于采用的评估数据是一次干旱事件的结果，评估模型是建立在不同等级干旱基础上多次干旱事件影响的平均结果，故采用误差矩阵识别干旱影响评估结果是否处于一个合理的数值区间。分别选取草甸草原、典型草原和荒漠草原不同草地类型的未参与构建评估模型的样本数据作为检验值，评价评估模型的精度。本书的混淆矩阵是通过将每个检测值与模拟值的误差分布在不同误差区间的个数评价模型的评估精度，观测值与模拟值的误差分布区间见表 5-4。

表 5-4　观测值与模拟值的误差分布区间

误差区间/[gC/(m^2·a)]	0～10	10～20	20～30	30～50
个数	16	12	15	10
合计				53

从表 5-4 可以看出，81.13%的数据误差分布在 0～30gC/(m^2·a) 的范围内，属于可接受的合理范围。模型的 RMSE 为 20.09gC/(m^2·a)，平均相对均方根误差为 22.3%，根据 Tojo 等模型验证的评价标准，相对均方根误差在 20%～30%表示结果可以接受，因此本书的评价结果属于比较好的（Soler 等，2007）。

同时，混合模型是基于干旱持续时间不超过 12 个月的干旱事件影响数据建立的，对于连年干旱（干旱持续时间超过 12 个月甚至更长时间的干旱事件）应当考虑其适用性。表 5-5 对干旱持续时间较长的干旱事件（连年极端干旱事件）NPP 变化量进行了适用性评价，发现误差处于一个比较合理的范围，模型依然具有良好的适用性。虽然这种极端事件比较少，为了保证模型普适性，理应予以考虑。

表 5-5　连年极端干旱事件模型适用性评价

草地类型	干旱强度	持续时间/月	观测值/[gC/(m^2·a)]	模拟值/[gC/(m^2·a)]	误差/[gC/(m^2·a)]
草甸草原	−1.79	15.6	58.567	35.69904	22.86796
	−2.525	14.5	29.487	25.01667	4.470332
	−2.88	12	27.495	39.61448	−12.1195
典型草原	−1.7881	15.6	133.39	175.0036	−41.6136
	−2.4925	14.25	169.71	180.8234	−11.1134
	−2.515	14.5	229	185.5535	43.44649
荒漠草原	−2.685	12.5	58.565	70.87139	−12.3064
	−2.495	13	53.106	75.07639	−21.9704

5.6 本章小结

在第 4 章的基础上，本章进一步探讨了干旱和牧草 NPP 变化的定量关系。从干旱的基本特征出发，分析了干旱强度和持续时间与单位影响面积 NPP 变化之间的相关性。在此基础上，构建了基于单位影响面积的草地生产力干旱影响评估定量模型：线性、非线性和总和评估模型。主要结论如下。

（1）单位面积牧草 NPP 变化与干旱强度和持续时间存在显著相关，而且干旱强度和持续时间也存在着显著的交互作用。

（2）牧草 NPP 变化与干旱强度和持续时间存在复杂的响应关系，反映了草地 NPP 对干旱的响应与草地类型关系密切。对于线性损失评估模型，所有草地类型、草甸草原、典型草原和荒漠草原牧草 NPP 变化与干旱强度和持续时间的线性关系存在显著差异。对于非线性损失评估模型，荒漠草原、典型草原和草甸草原的倾斜度依次下降，反映了干旱对草地 NPP 的影响不断降低。干旱强度和持续时间的交互作用对不同草地类型 NPP 的影响强弱为：荒漠草原＞草甸草原＞典型草原。对于综合损失评估模型，从切面斜率来看，荒漠草原＞典型草原＞草甸草原，表明自东向西草甸草原、典型草原和荒漠草原对干旱的敏感性逐渐增强。

（3）在一定范围内，二元线性和非线性回归模型各有不同的适用性；总体上，综合模型比两者具有更好的适用性和普适性。干旱对草地生态系统的作用力是由干旱的严重性决定的，通过模型适用性评价，草地生产力干旱影响综合评估模型具有较高的模拟精度。

（4）不同草地类型牧草 NPP 变化对干旱强度和持续时间的响应存在较大差异。不同等级的干旱造成的 NPP 损失在同一类型草地中随着干旱强度的增强（中等干旱至极端干旱）呈逐渐增大的趋势，且具明显的指数增长关系。荒漠草原对干旱的响应最敏感，次之是典型草原，最弱的是草甸草原。虽然荒漠草原对干旱的抵抗能力最大，无论中等干旱、严重干旱还是极端干旱，一旦干旱持续时间超过 6 个月的干旱持续时间阈值，几乎随干旱发展呈线性趋势快速增长，NPP 损失最严重，从而造成荒漠草地严重退化。草甸草原和典型草原虽然刚开始时牧草 NPP 减少速度较快，但达到 NPP 损失峰值后，呈现下降的趋势。基于牧草 NPP 这一评估指标，根据退化等级分类标准，无论哪个等级的干旱发生，均未对草甸草原和典型草原造成严重的生态系统退化影响。

（5）牧草 NPP 变化与干旱存在复杂的定量响应关系。不同站点 NPP 变化量与降水量的多少均呈显著线性相关，都通过了 0.001 显著性水平的检验；区域尺度不同类型草地牧草 NPP 变化和干旱也呈显著的指数关系，但不同类型草地牧草 NPP 对干旱的响应存在较大差异。研究进一步表明，牧草 NPP 对干旱的响应与生态系统类型、干旱事件的严重性（强度和持续时间）、生态系统生产力基数存在密切关系。

第6章

典型干旱事件牧业损失评估

本章主要是基于第3章提出的牧业干旱影响量化方法，评估典型干旱事件对牧业产值的定量影响。从不同时空尺度分析不同等级干旱的基本特征，采用构建牧业旱灾损失评估动态模型定量中等干旱、严重干旱和极端典型干旱事件对牧草产量、羊单位和牧业产值造成的影响，并结合旱灾损失调研资料评价该方法的适用性。

6.1 引言

中国是一个干旱比较频繁的国家，尤其是干旱和半干旱区域（Liang等，2006；Piao等，2010；Xiao等，2009）。当前干扰格局和全球变化对生态系统可用资源施加了一系列影响，对生态系统生产力造成了严重影响（Van der Molen等，2011）。降水是干旱和半干旱区草地植被生长的调控因子（Chaves等，2002）。干旱导致区域生态系统碳蓄积量和碳固定显著降低（Reichstein等，2013）。在干旱期间，生产力的变化程度取决于植物对获取有效水分的生理响应（Meir和Ian Woodward，2010；Meir等，2008）和植被结构的变化（Fisher等，2007；Schymanski等，2008）。随着干旱的不断加剧，草原碳库和草原碳汇的作用将变得越来越难维护，具有较高的时空变化和气候变异性（Ciais等，2005；Soussana和Lüscher，2007）。草地年际碳平衡受干旱发生的时间和持续时间、强度和影响面积是影响植被生产力和碳固定至关重要的因素，同时取决于草地草本植物生产力和植被本身碳库存以及生态系统结构特征（Shinoda等，2010b；陈晓鹏和尚占环，2011）。干旱的频率、土壤性质、降水的频率和强度对土壤水分的滞后效应高达2年之久，直接加剧NEE异常达40%（Van der Molen等，2011）。在干旱之后，月尺度到年尺度生态系统功能的改变还存在一定的不确定性，这是揭示草地植被对干旱响应和适应机制的关键和核心（Van der Molen等，2011）。Xiao发现严重持续干旱显著影响着草地生态系统碳循环，草地生态系统数十年累积的碳库可能被一场严重干旱抵消（Xiao等，2009），而且不同类型草地生态系统对干旱的抵抗能力不同（Koerner，2012）。

事实上，由于干旱具有缓发性，水分亏缺对草地生态系统影响的累积效应随着干旱的持续时间和强度的增加逐渐增大（Jentsch等，2007）。由于生态系统本身具有一定的适应性和抵抗性，只有当干旱超过生态系统可承受的临界点才会造成一定的影响

(Jentsch和Beierkuhnlein，2008)。轻度的干旱或水分亏缺对植被产生有限的影响(Tourneux和Peltier，1995)，正面影响或干旱前后植被状态无差异(Chaves等，2002；Ribas-Carbo等，2005)或对碳同化和气孔导度影响较小(Dos Santos等，2006)。大量证据表明，生态系统可以抵御短期极端干旱事件或中等干旱事件的影响，而且不同等级的干旱事件造成的影响是不一样的(Jentsch和Beierkuhnlein，2008；Kreyling等，2008；Pendall等，2013；Xiao等，2009；Xu和Zhou，2008)。还有其他学者研究发现，即使草地生态系统面对当地的极端干旱事件，草地生态系统的生产力依然保持不变(Fay等，2000；Jentsch和Beierkuhnlein，2008；Kreyling等，2008)。这些可能是因为草地土壤碳对极端事件的缓冲作用(Fynn等，2010；Milne等，2010)、植被和土壤之间的交互作用(Bloor和Bardgett，2012)、物种种间相互协作(Gilgen和Buchmann，2009b；Mirzaei等，2008)以及在CO_2浓度升高的背景下干旱时期植被水分利用效率提高(Signarbieux和Feller，2012；Soussana和Lüscher，2007)。然而，由于生态系统本身的脆弱性，随着干旱严重程度的进一步发展，逐步增强的干旱等级对生态系统造成的影响也增大，然而造成的这种影响是生态系统所不愿接受的，即所谓的“不可接受的影响(Unacceptable Impact)”(Blair和Kaserman，2014；Gallopín，2006)。因此，本书重点关注中等以上干旱对草地生态系统产生的影响，忽略轻度干旱生成的影响。

干旱对社会经济生态造成了严重的影响，已引起世界各国的广泛关注(Bonsal等，2011；Sternberg，2012)。目前，国内外对干旱的损失评估主要集中在农业方面(包括种植业和畜牧业)，其他方面的干旱损失研究较少，如生态和城市生活用水(Din等，2011)。高志强以土地利用数据和气候数据驱动生态系统过程模型，定量估计土地利用和气候变化对农牧过渡区净初级生产力、植被碳贮量、土壤呼吸和碳贮量的影响(Gao等，2005)。Chen利用生态学过程模型分析了美国南部地区1895—2007年的干旱对生态系统功能的影响，发现极端干旱条件下净初级生产力的降幅达40%(Chen等，2012)。Hao等基于内蒙古草地生态系统长期观测站观测资料对比分析了干旱年和湿润年碳交换的差异(Hao等，2008)。一些学者利用草原站点数据统计分析了干旱对草原地上生物量的影响(Bloor等，2010；Schmid等，2011)。白永飞和袁文平等分别基于多年草地群落初级生产力和降水数据，建立了年降水量及其季节分配对植物群落初级生产力影响的积分回归模型，能够较好地反映出两者之间的一般规律(Peng和Zhang，2013；Yin，2009)。

多数学者从生态系统功能角度研究气候变化对生态系统的影响，通过与评估标准对比分析干旱的影响。目前，还未建立干旱对草地生产力和牧业生产影响的定量评估方法，尤其是未分析不同等级干旱和不同草地类型牧草NPP及牧业产值变化的定量关系。因此，本章的主要工作是基于SPI干旱指数和Biome-BGC模型，利用牧业旱灾损失评估动态模型研究中等干旱、严重干旱和极端典型干旱事件对牧草产量、羊单位和牧业产值造成的影响，并结合旱灾损失调研资料评价了该方法的适用性。

6.2 不同等级干旱时空特征

根据本书的研究目标，基于 3 个月尺度 SPI（SPI _ 3）重点分析了不同等级干旱事件的分布特征，中等干旱、严重干旱和极端干旱的发生频率呈依次降低的趋势。中等干旱主要分布在草甸草原的东南部、典型草原的东部以及荒漠草原的东北部，干旱发生次数为 12～41 次，平均干旱发生频率为 1.26～4.33 年/次，平均干旱强度为－1.35～－1.14，平均干旱持续时间为 1.67～3.48 个月。严重干旱主要分布在草甸草原的中北部、典型草原的中部和南部以及荒漠草原的东部。整体上，典型草原属于严重干旱的高发区，干旱发生次数为 5～30 次，平均干旱发生频率为 1.73～10.2 年/次，平均干旱强度为－1.35～－1.14，平均干旱持续时间为 2.37～6 个月。极端干旱主要分布在草甸草原的中部、典型草原的中部和南部，尤其是荒漠草原的西南部属于极端干旱高发区，干旱发生次数为 1～14 次，平均干旱发生频率为 3.71～52 年/次，平均干旱强度为－2.88～－2.01，平均干旱持续时间为 1～8.67 个月。近 50 年内蒙古草地干旱具有显著的区域特性，不同等级干旱在同一时期发生在不同的区域，因此本书统计的内蒙古草地中等干旱、严重干旱和极端干旱的次数总和是大于总年数 52 年（1961—2012 年）的。可以进一步发现，典型草原的干旱发生频率高于草甸草原和荒漠草原。干旱的总体分布特征与降水梯度变化是比较一致的，东多西少，呈现出明显的降水梯度变化。总体上，干旱发生频率中西部地区高于东部，呈现“十年九旱”的特点（Moreels 等，2012；Tatham，2009）。本书的研究结果还与其他学者发现的内蒙古东北部呼伦贝尔盟是中等干旱、严重干旱与极端干旱发生频率最高地区，而西部阿拉善盟地区三种干旱情况发生的频率相对较低的研究成果比较一致（Smith，2013）。

6.3 干旱对草地 NPP 的影响程度分析

在定量分析干旱对 NPP 造成的影响之前，有必要证明干旱对 NPP 影响程度的大小。本书基于 SPI _ 12 表征干旱特征，分析干旱与 NPP 之间的影响程度及相关性。整体上 NPP 与 SPI _ 12 的相关系数比较高（最高达到 0.92），且呈显著负相关关系。其中 80% 的区域通过呈现高度相关（相关性系数 $R>0.5$），只有 20%呈现低度相关的区域，这些区域主要分布在内蒙古荒漠草原西部（以荒漠为主），NPP 较低 [44～100gC/(m^2 · a)] 和典型草原的东北部（可能温度的影响较大）。草甸草原 95.2%的区域 NPP 与 SPI _ 12 高度相关，典型草原 91.4%的区域 NPP 与 SPI _ 12 高度相关，荒漠草原 36.8%的区域 NPP 与 SPI _ 12 高度相关，这表明荒漠草原是 3 种草地类型中最耐旱的一种，对干旱具有最强的抵抗力，与实际情况比较相符（徐柱和郑阳，2009）。这是因为植物能够不断地适应干旱胁迫，从而增加它们对干旱的抵抗力，原因在于荒漠草原的降水远低于草甸草原和典型草原，水分环境恶劣，导致地下根系比较发达并能够获取较多的土壤水分，从而满足其生长需求（Walter，2012）。

总体上，年降水亏缺程度对 NPP 的决定系数（R^2）比较高，最高达到了 0.84。其中，决定系数 $R^2>0.5$ 以上的面积百分比为 67%，这表明干旱是造成区域 NPP 异常的主要原因。草甸草原最大决定系数为 0.84，其中 $R^2>0.5$ 以上的面积百分比为 77.1%，典型草原的最大决定系数为 0.81，其中 $R^2>0.5$ 以上的面积百分比为 77.3%；荒漠草原的最大决定系数为 0.79，其中 $R^2>0.5$ 以上的面积百分比为 26.1%。这表明干旱是草地 NPP 的一个重要的胁迫因子，与 zhang 等得出的结论一致（Zhang 等，2014）。

从相关性和决定系数的显著性水平来看，整体上均通过了 0.05 的显著性水平检验。草甸草原均通过了 0.001 的显著性水平检验，典型草原均通过了 0.003 的显著性水平检验，荒漠草原均通过了 0.001 的显著性水平检验。这表明干旱对 NPP 变异的决定程度是比较可靠的。

综上所述，干旱是内蒙古不同类型草地 NPP 变化的重要决定胁迫因子。

6.4 典型干旱事件对牧草 NPP 的异常估算

本小节基于 SPI _ 3 对内蒙古草原近 50 年的干旱事件进行识别。根据干旱影响面积、干旱强度、持续时间以及对 NPP 的影响，选取比较典型的不同等级干旱事件就干旱对草地生产力的影响进行估算。选取的典型干旱事件主要有：1974 年的中等干旱事件、1986 年的严重干旱事件和 1965 年的极端干旱事件。1974 年的中等干旱事件影响范围比较广，干旱持续时间比较长，最大干旱持续时间为 9 个月，最短持续时间为 3 个月，平均持续时间为 3 个月。内蒙古草原大部分地区干旱强度达到中等干旱级别的 SPI 最低值，属于一次比较典型的中等干旱事件。整体上，1974 年的中等干旱造成区域草地平均损失为 (11.37±8.98)gC/(m^2·a)，最大损失为 50.55gC/(m^2·a)。草甸草原平均损失为 (11.40±9.22)gC/(m^2·a)，最大损失为 50.55gC/(m^2·a)；典型草原平均损失为 (10.12±9.47)gC/(m^2·a)，最大损失为 50.55gC/(m^2·a)；荒漠草原平均损失为 (13.18±11.03)gC/(m^2·a)，最大损失为 50.55gC/(m^2·a)。同时，草地 NPP 下降最严重的区域与干旱最严重的区域存在较好的对应关系。草甸草原 NPP 损失比较严重的区域主要分布在东南部和西部，这也正好是草甸草原干旱比较严重的区域；典型草原 NPP 损失比较轻的区域主要分布在中部的北边区域和东南部，与典型草原在该区域的干旱程度比较轻微是一致的，而典型草原其他区域干旱比较严重，NPP 相对下降幅度也比较大；荒漠草原西部和最南部的干旱相对较严重，NPP 的下降也是比较大的，而在荒漠草原东部部分区域 NPP 出现了增加的现象，与该区域相对湿润的情况比较吻合。

1986 年的严重干旱事件影响范围比较广，主要分布在草甸草原和典型草原大部分区域以及荒漠草原的南部，干旱持续时间比较长，最大干旱持续时间为 11 个月，最短持续时间为 2 个月，平均持续时间为 4 个月。内蒙古草原大部分地区干旱强度达到严重干旱级别的 SPI 最低值，属于一次比较典型的严重干旱事件。1986 年的严重干旱造成区域草地平均损失为 (23.13±16.98)gC/(m^2·a)，最大损失为 89.42gC/(m^2·a)。草甸草原平均损失为 (21.86±16.47)gC/(m^2·a)，最大损失为 89.42gC/(m^2·a)；典型草原平均损失为 (22.69±16.99)gC/(m^2·a)，最大损失为 89.42gC/(m^2·a)；荒漠草原平均损失为 (32.98±21.87)gC/(m^2·a)，最大损失为 89.42gC/(m^2·a)。草地 NPP 下降最严重的区域与干旱最严重的区域存在较好的对应关系，主要分布在草甸草原和典型草原的中西部以及荒漠草原的西北部。而在典型草原的东部和荒漠草原南部部分区域 NPP 出现了增加的现象，与该区域相对湿润的情况比较吻合。

1965 年的极端干旱事件影响范围广，主要分布在草甸草原的西部和南部、典型草原的中东部和西南部以及荒漠草原的南部，干旱持续时间比较长，最大干旱持续时间为 11 个月，平均持续时间为 6 个月。干旱强度比较大，属于一次比较典型的极端干旱事件。1965 年的极端干旱造成区域草地平均损失为 (31.44±16.67)gC/(m^2 · a)，最大损失为 105.41gC/(m^2 · a)。草甸草原平均损失为 (15.11±11.82)gC/(m^2 · a)，最大损失为 61.31gC/(m^2 · a)；典型草原平均损失为 (16.38±14.24)gC/(m^2 · a)，最大损失为 60.13gC/(m^2 · a)；荒漠草原平均损失为 (27.54±23.26)gC/(m^2 · a)，最大损失为 105.41gC/(m^2 · a)。草地 NPP 下降最严重的区域与干旱最严重的区域存在较好的对应关系，尤其是典型草原的中东部和西南部、荒漠草原的南部 NPP 下降最严重。草地 NPP 出现增加的区域主要分布在草甸草原的北部、典型草原的中西靠北的区域和荒漠草原的西部，与该区域相对湿润的情况比较吻合。

6.5　不同等级干旱对标准干草产量异常的定量估算

草地地上部分的生物量（干物质含量）等于产草量减去风干草中的含水量。因此在本书中，风干草含水百分比取 15%，作为草原标准干草产量（方精云等，1996），见表 6-1。标准干草是指达到最高月产量时，收割的以禾本科牧草为主的温性草原草地或山地草甸草地的含水量大于 15%的干草。通常，植物生物量（单位：g/m^2）转换为以碳的形式表达第一初级净生产力（单位：gC/m^2）按照方精云等采用的 0.45 转换系数（方精云等，1996），通常指的是地上部分生物量，此处根据张峰博士论文《中国草原碳库储量及温室气体排放量估算》（张峰，2010）取温带草甸草原类、温性草原类、温性荒漠草原类的平均值 0.15 为地上生物量占 NPP 的比值。因此，干旱造成的草原标准干草产量变化根据干旱造成的 NPP 变化量，可以参照式（6-1）为

$$\Delta Y_{\text{牧草}}=\frac{(\Delta NPP\times 0.15)/0.85}{0.45}=0.3922\Delta NPP \tag{6-1}$$

由于文献查阅的系数均代表 15%含水量的干草，而模型输出的为干物质重量，所以计算过程中我们进行了干物质-含水干草换算。草原利用率及草原可食产量系数主要由《天然草地合理载畜量的计算》（NY/T 635—2015）及部分文献计算得来，数值见表 6-1。本书取温带草甸草原类、温性草原类、温性荒漠草原类草原利用率及草原可食产量系数的平均值分别为 0.47 和 0.54。

因此，干旱造成利用牧草损失量的计算方法见式（6-2），即

$$\Delta Y_{\text{牧草可利用}}=0.2538\Delta Y_{\text{牧草}} \tag{6-2}$$

整体上，1974 年的中等干旱造成区域可利用牧草最大损失为 198.27kg/(hm^2 · a)，最小损失为 −76.93kg/(hm^2 · a)，主要分布在内蒙古典型草原的中部以及草甸草原的东

表 6-1　　各类型草原牧草计算系数

草原类型	草原可利用率	草原可食产量系数
温性草甸	0.55	0.65
温性草原	0.50	0.53
温性荒漠化草原	0.35	0.45
高寒草甸	0.55	0.84
高寒草原	0.45	0.71
高寒荒漠化草原	0.40	0.43
高山草甸	0.60	0.76
低地草甸	0.55	0.73

南部和东北部。1974 年全区大部分地区春至初夏出现干旱，并以春旱为主。3—5 月，大部分地区干旱少雨，其中呼伦贝尔市西部牧区、兴安盟南部、通辽市北部、赤峰市东北部、锡林郭勒盟及集二线以西广大地区，降水量都在 30mm 以上，较常年同期少 20%～90%，这些地区春旱严重。入夏以后，随着各地雨水的增多，大部分地区的旱象得以解除或缓和，但集二线以西地区降水仍然偏少，其中乌兰察布市、呼和浩特市、包头市、鄂尔多斯市、巴彦淖尔市等地 8 月雨量较常年同期偏少 60%～90%，呼和浩特市、鄂尔多斯市东胜区、乌审旗雨量均为历年同期极小值，出现了严重的夏秋连旱，牧草减产严重。

1986 年的严重干旱造成区域可利用牧草最大损失为 350.68kg/(hm² · a)，最小损失为 -49.52kg/(hm² · a)，主要分布在内蒙古荒漠草原的东北部、典型草原的西部以及草甸草原的东南部和东北部。1986 年入春后，内蒙古出现大范围的干旱。除兴安盟和呼伦贝尔市东部等少数地区外，大部分地区 4—5 月的降水比常年偏少 80%以上，正值牧草返青的关键时期雨水奇缺，对牧草生长造成了极大的影响。

1965 年的极端干旱造成区域可利用牧草平均损失为 (225±0.65)kg/(hm² · a)，最大损失为 413.4kg/(hm² · a)，最小损失为 -48.74kg/(hm² · a)，主要分布在内蒙古荒漠草原的东南部、典型草原的西南部和草甸草原的东南部，草地总受旱面积 4.5 亿亩。这与众多学者研究证实的降水对于草地生物量空间变异具有控制作用的结论是一致的。

6.6 不同等级干旱对标准羊单位异常的定量估算

根据《天然草地合理载畜量的计算》及部分文献计算标准羊单位损失。目前主要有两种计算方式。

（1）　以家畜单位计算。计算方法见式 (6-3)，即

$$\Delta N = \frac{\Delta Y_t E_t U_t A_t}{SD} \tag{6-3}$$

式中　ΔN——草原全年合理载畜量变化量，标准羊；

ΔY_t——草原标准干草产量（15%含水量的干草），kg/hm^2；

E_t——草原利用率（充分合理利用又不发生草原退化的放牧利用比例），47%；

U_t——草原可食草产量系数，54%；

A_t——羊单位日食标准干草量，1.8kg/(羊·d)；

D——全年放牧天数（365d）；

t——草原类型。

（2）以草原面积计算。计算方法见式（6-4），即

$$G_t=\frac{SD}{Q_t E_t U_t} \tag{6-4}$$

式中 G_t——保证一个羊单位全年正常生长所需的草原面积，hm^2/标准羊；

S——羊单位日食标准干草量，1.8kg/(羊·d)；

D——全年放牧天数（365d）；

Q_t——单位面积草原的标准干草产量（15%含水量的干草），kg/hm^2；

E_t——草原利用率（充分合理利用又不发生草原退化的放牧利用比例），%；

U_t——草原可食草产量系数，%；

t——草原类型。

本书采用以家畜单位表示的计算方法，计算1974年严重干旱造成的牧业羊单位损失情况。总体上，1974年的中等干旱造成标准羊单位最大损失为1.03N/(hm^2·a)，最小损失为−0.16N/(hm^2·a)，主要分布在内蒙古典型草原的中部以及草甸草原的东南部和东北部。1974年全区大部分地区春至初夏出现干旱，并以春旱为主。鄂尔多斯市连续3年遭受旱灾，灾情特别严重。开鲁县4—8月降雨量只有139.6mm，比历年同期偏少66%，科尔沁左翼中旗西部仅有50%年景，奈曼旗局部从春季至8月11日滴雨未下，庄稼旱死，牧草干枯。乌兰察布市北部和锡林郭勒盟苏尼特右旗、阿巴嘎旗3—6月降水量均少于30mm，基本无透雨，造成牧草生长不良，牲畜膘情差。11月至翌年2月，呼伦贝尔市西部、锡林郭勒盟、乌兰察布市北部、通辽市等牧区雪少，大部分牧区遭受旱灾。乌兰察布市四子王旗冬雪较常年少70%，包头市达茂旗较常年少38%。锡林郭勒盟牧区冬雪较常年偏少40%～60%，仅苏尼特右旗、苏尼特左旗受旱灾面积238.5万hm^2，牲畜死亡率1.3%。苏尼特右旗越冬后牲畜死亡2.79万余头（只），东乌珠穆沁旗死亡牲畜6.4万余头（只）。呼伦贝尔市、通辽市受灾面积135万hm^2，牲畜死亡率为8%。

本书采用以家畜单位表示的计算方法，计算1986年严重干旱造成的牧业羊单位损失情况。整体上，1986年的严重干旱造成标准羊单位最大损失为1.05N/(hm^2·a)，最小损失为−0.18N/(hm^2·a)，主要分布在内蒙古荒漠草原的东北部、典型草原的西部以及草甸草原的东南部和东北部。1986年入春后，内蒙古出现大范围干旱。乌兰察布市全市干土层15～20cm，地下水下降，井水干涸，一些地区人畜饮水困难；化德县、商都县等地4—5月几乎滴雨未落，旱情尤为严重。赤峰市从4月初到6月前半月，全市平均降水比常年偏少76%，加之春风大，土壤水分散失快，墒情差。巴彦淖尔市乌拉特草原，3—5月降水比常年偏少80%以上，受灾面积380万hm^2，受灾牲畜130万头（只）。6月，内蒙古中西部大部降雨偏多。6月9日、14日、19日和25—26日，锡林郭勒盟以西地区连

降4场小到中雨，大部地区的旱情得到很大缓和，但进入7月以后，内蒙古中西部又继续少雨。7—8月，集二线以西大部地区降雨比常年偏少40%～70%，出现了春夏连旱，形成了严重的旱灾。巴彦淖尔市乌拉特草原，牧草返青后枯死，159万头（只）牲畜严重缺草，开始死亡，到8月底，该地区已死亡牲畜5.12万头（只）；乌兰察布市商都县、兴和县和察哈尔右翼后旗也因干旱，牧草不济，死亡牲畜8600多头（只），达茂旗至6月末，死亡牲畜2.9万头（只），四子王旗死亡牲畜3.5万头（只）。呼伦贝尔市大兴安岭以西地区，除3月降水接近常年外，其余时间少雨，每月至少偏少30%以上，多数偏少50%～80%，年降水量偏少50%～65%，出现了严重的旱灾，大部牧区的湖、河、泡、沼干涸，不仅草情及牲畜膘情极差，连牲畜饮水也十分困难。

本书采用以家畜单位表示的计算方法，计算1965年极端干旱造成的牧业羊单位损失情况。总体上，1965年的极端干旱造成标准羊单位最大损失为1.82N/(hm^2·a)，最小为−0.63N/(hm^2·a)，主要分布在内蒙古荒漠草原的东南部、典型草原的西南部和草甸草原的东南部。1965年春夏牧区普遍干旱少雨，春季赤峰市北部及以西牧区重旱，夏季集二线以西牧区严重干旱。锡林郭勒盟南部牧草返青推迟10～15d，鄂尔多斯市草场返青后又枯黄，鄂托克旗全年干旱，草场无草，水井无水，集二线以西16个旗县死亡牲畜近200万头（只）。赤峰市阿鲁科尔沁旗干旱持续300d，草场无草，牲畜吃不上，膘情下降，疾病流行，大批牲畜死亡，全旗共死亡11.2万头（只）。1965年受旱牲畜885.3万头，其中因旱死亡牲畜476.3万头。

6.7 不同等级干旱造成的牧业经济损失定量估算

内蒙古牧区在20世纪50—80年代，特别是60年代和70年代的旱灾损失最大，平均每年因旱损失1.4亿元。具体的模拟损失与真实值对比见表6-2。根据700元/羊单位（1980年不变价格计算）和式（6-3）计算1974年牧业干旱经济损失为0.67亿元，比内蒙古水旱灾害统计的0.72亿元低0.5亿元，相对误差6.94%。根据历史资料，本书的评估结果比较可靠，与《中国水旱灾害》及《干旱灾害对我国社会经济影响研究》（刘颖秋，2005）的研究结果比较一致。内蒙古牧区在20世纪60—70年代，平均每年因旱灾损失1.38亿元。

表6-2　牧业旱灾损失模拟值与真实值比较

干旱等级及年份	模拟牧业损失	真实牧业损失	相对误差/%
1974年中等干旱	0.67	0.72	6.94
1986年严重干旱	1.351	1.484	8.96
1965年极端干旱	5.90	5.66	−4.24

根据700元/羊单位（1980年不变价格计算）和式（6-3）计算1986年牧业干旱经济损失为1.351亿元，比内蒙古水旱灾害统计的1.484亿元低0.133亿元，相对误差8.96%。根据历史资料，本书的评估结果比较可靠，与《中国水旱灾害》及《干旱灾害对

我国社会经济影响研究》的研究结果比较一致。内蒙古牧区在20世纪80—90年代，平均每年因旱灾损失1.074亿元。内蒙古自治区牧区1986年旱灾损失率达5.83%。

根据700元/羊单位（1980年不变价格计算）和式（6-3）计算1965年牧业干旱经济损失为5.90亿元，比内蒙古水旱灾害统计的5.66亿元略高，相对误差4.24%。根据历史资料，本书的评估结果比较可靠，与《中国水旱灾害》及《干旱灾害对我国社会经济影响研究》的研究结果比较一致。内蒙古自治区牧区的旱灾损失率最大年份出现在1965年，损失近乎是当年牧业总产值的50%，旱灾损失率达49.32%。

6.8　干旱情景下的放牧强度方案探讨

考虑不同放牧强度等人类活动，从自然与社会经济因素两方面出发，基于站点气象资料、实地调研、牧业统计数据和历史牧业旱灾损失等资料进行综合分析，结合牧业旱灾损失评估模型模拟不同放牧情景下的牧业旱灾损失变化，在其他环境因子不变的前提下对比不放牧、轻度放牧、中度放牧和重度放牧条件下牧业经济损失的大小，制定出不同干旱情景下减轻牧业旱灾损失的放牧强度方案。根据1974年中等干旱、1986年严重干旱、1965年极端干旱的牧业经济损失，分别给出牧业放牧强度方案，其他不同等级干旱年份可以参考。中等干旱情景下可采取中等放牧强度，严重干旱情景下可采取轻度放牧强度，极端干旱情况建议不放牧，向市场售卖牛羊，以减少牧业经济损失。

表6-3　　不同干旱情景下放牧强度方案

干旱等级	年度	模拟牧业损失/亿元	放牧强度
中等干旱	1974	0.67	中等
严重干旱	1986	1.35	轻度
极端干旱	1965	5.90	不放牧

6.9　本章小结

根据本章的研究目标，首先分析了近50年干旱的时空变化特征；其次根据决定系数和显著性指标，探讨了干旱对草地NPP变化的影响程度，并根据识别的典型干旱年分析了1974年中等干旱、1986年严重干旱和1965年极端干旱对草地NPP的影响；最后研究了干旱事件对标准干草产量、羊单位和牧业经济造成的影响。主要结论如下。

（1）干旱是造成牧草生产力变异的主要影响因子。总体上，年降水亏缺程度对NPP的决定系数（R^2）比较高，最高达到了0.84。其中决定系数$R^2>0.5$以上的面积百分比为67%，这表明干旱是造成NPP异常的主要原因。草甸草原最大决定系数为0.84，其中$R^2>0.5$以上的面积百分比为77.1%，典型草原的最大决定系数为0.81，其中$R^2>0.5$以上的面积百分比为77.3%；荒漠草原的最大决定系数为0.79，其中$R^2>0.5$以上的面积百分比为26.1%。

（2）研究选取的典型干旱事件主要有：1974年的中等干旱事件、1986年的严重干旱事件和1965年的极端干旱事件。整体上，1974年的中等干旱造成区域牧草生产力平均损失为（11.37±8.98）gC/(m^2·a)，最大损失为50.55gC/(m^2·a)；1986年的严重干旱造成区域草地平均损失为（23.13±16.98）gC/(m^2·a)，最大损失为89.42gC/(m^2·a)；1965年的极端干旱造成区域草地平均损失为（31.44±16.67）gC/(m^2·a)，最大损失为105.41gC/(m^2·a)。不同草原NPP损失比较严重的区域与草原干旱比较严重的区域分布比较一致。

（3）实现了干旱对牧草产量影响的空间分布。整体上，干旱的分布特征与NPP、牧草异常分布特征比较一致。不同等级的干旱对牧草产量表现出较大差异，1974年的中等干旱造成区域可利用牧草最大损失为198.27kg/(hm^2·a)，最小损失为－76.93kg/(hm^2·a)；1986年的严重干旱造成区域可利用牧草最大损失为350.68kg/(hm^2/·a)，最小损失为－49.52kg/(hm^2·a)；1965年的极端干旱造成区域可利用牧草平均损失为（225±0.65）kg/(hm^2·a)，最大损失为413.4kg/(hm^2·a)，最小损失为－48.74kg/(hm^2·a)。

（4）干旱造成的标准羊单位损失与干旱严重性一致，干旱越严重，造成的羊单位损失越大。总体上，1974年的中等干旱造成标准羊单位最大损失为1.03N/(hm^2·a)，最小损失为－0.16N/(hm^2·a)；整体上，1986年的严重干旱造成标准羊单位最大损失为1.05N/(hm^2·a)，最小损失为－0.18N/(hm^2·a)；总体上，1965年的极端干旱造成标准羊单位最大损失为1.82N/(hm^2·a)，最小为－0.63N/(hm^2·a)。

（5）牧业经济损失评估结果由不同等级干旱的严重性决定，识别了牧业旱灾经济损失的空间差异，同时证明了本书提出的牧业旱灾损失量化方法比较可靠。根据700元/羊单位（1980年不变价格）和评估方法估算，1974年牧业干旱经济损失为0.67亿元，比内蒙古水旱灾害统计的0.72亿元低0.5亿元，相对误差6.94％；1986年牧业干旱经济损失为1.351亿元，比内蒙古水旱灾害统计的1.484亿元低0.133亿元，相对误差8.96％；1965年牧业干旱经济损失为5.90亿元，比内蒙古水旱灾害统计的5.66亿元略高，相对误差4.24％。牧业旱灾损失评估平均精度为93.29％。

第 7 章

结论、特色与创新

7.1 结论

本书针对牧业旱灾损失评估如何量化这一问题，进行了深入的探讨与研究。以内蒙古牧区为研究区，基于基础数据、气象数据、通量数据、野外实测数据、放牧强度调查资料、FAO 的放牧强度空间数据、经济统计年鉴数据和内蒙古各旗县旱灾损失数据(1990—2007 年)、《中国水旱灾害》《内蒙古水旱灾害》以及其他发表的文献资料，有效融合站点观测、野外水分控制实验、通量观测和模型模拟等手段，基于植被生长机理的动态模型 Biome - BGC 和干旱指数 SPI，采用正常年 NPP 多年平均值作为干旱评估标准，研究了不同等级干旱事件对不同类型牧草 NPP 变化的定量影响及其响应差异，研究建立综合致灾因子危险性和承灾体脆弱性并集成放牧强度与植被干旱状态参数的牧业旱灾损失动态评估方法。从灾害系统理论角度出发，解析不同放牧情景下的区牧业旱灾形成动态，采用对比分析方法研究放牧条件下牧草产量的变化，依据牧草产量-载畜量转换以及等价代换原理和微积分思想，建立基于牧草生长过程模拟的牧业旱灾损失动态评估方法，为提高抗旱实时决策、保障区域牧业安全与社会经济生态可持续发展提供科学依据。在通量观测数据与生态过程模型有机融合的基础上，该方法能够低成本、动态化、定量化地评估干旱对牧业生产造成的不同程度影响，与野外实验手段形成有益补充，相互促进。主要结论如下。

(1) 构建了牧业旱灾损失量化的理论方法。干旱灾害已成为最严重的自然灾害之一，对全球牧业生产造成了严重的影响。如何量化牧业旱灾损失是学术界和行业部门的一个难点问题。开展放牧条件下牧业旱灾损失动态评估方法的研究，对理解干旱对牧业的影响过程、制定合理的抗旱减灾策略和放牧方案、促进区域牧业和生态可持续发展具有重要意义。内蒙古草原干旱发生频率高，属于干旱风险发生的高危区。本书选择旱灾频发的内蒙古牧区为研究区，基于自然灾害风险管理和水分胁迫传递、牧业生产理论，以牧草水分控制实验和生态过程模型水分模拟实验为依托，构建基于牧草生长过程的牧业旱灾损失评估动态模型。在阐明综合致灾因子危险性和承灾体脆弱性的牧业旱灾形成过程与机制的基础上，耦合不同放牧强度、干旱状态下植被参数、牧草产量-载畜量转换理论方法以及“等价代换”原理和微积分思想的构建牧业旱灾综合损失定量评估方法，并提出了牧业损失评估动态模型精度评价方法，为探讨不同干旱情景下减轻牧业旱灾损失的放牧强度方案，抗旱实时决策和减轻旱灾风险能力、变化环境下合理利用水资源、保障区域牧业安全与生态可持续发展提供科学依据。

（2）阐明了牧业干旱成灾过程与机制。从系统理论角度出发，围绕植物水分代谢、碳循环及死亡机理展开讨论了牧业干旱成灾过程与影响机理、影响因素，提出了以碳饥饿和水分胁迫理论位基础解释干旱影响与成灾过程；依托于水利部牧科所草原站综合实验基地，以野外人工牧草为研究对象，基于水分控制试验，开展牧业干旱成灾过程研究，为牧业干旱损失评估提供理论基础。基于牧区草地水循环与生态修复实验基地2007—2009年不同灌溉控制实验资料发现，重度放牧区植被高度、盖度和产量均低于同等条件下围封草地的高度、盖度和产量，尤其是在2006年、2007年、2009年和2016年等干旱年份高度、盖度和产量下降幅度较大。这说明在干旱和放牧的共同作用下，植被受到的影响比单一干旱或放牧条件下的影响更加严重。因此，干旱与放牧干扰对草地生态系统的扰动作用显著。

同时基于模型模拟试验获取大量实验样本，构建了干旱对不同草地牧草生产力造成影响的定量评估模型。牧草NPP变化与干旱强度和持续时间存在复杂的响应关系，反映了草地NPP对干旱的响应与草地类型关系密切。干旱对草地生态系统的作用力是由干旱的严重性决定的。在一定范围内，二元线性和非线性回归模型各有不同的适用性；总体上，综合模型比两者具有更好的适用性和普适性。不同等级的干旱造成的NPP损失在同一类型草地中随着干旱强度的增强（中等至极端干旱）逐渐增大的趋势，且明显的指数增长关系。由于“牧草-载畜量-羊单位-牧业产值”的线性传递关系，牧业经济损失也随着干旱强度的增强（中等干旱至极端干旱）有逐渐增大的趋势，且具有明显的指数增长关系。从生产力指标分析，荒漠草原对干旱的响应最敏感，次之是典型草原，最弱的是草甸草原。

（3）厘定了典型干旱事件牧业旱灾经济损失。从不同时空尺度分析了不同等级干旱的基本特征，构建牧业旱灾损失评估动态模型定量分析了中等干旱、严重干旱和极端典型干旱事件对牧草产量、羊单位和牧业产值造成的影响，并结合旱灾损失调研资料评价了该方法的适用性。干旱是造成牧草生产力变异的主要影响因子，有效地识别了牧草产量、羊单位和牧业旱灾经济损失的空间差异。整体上，干旱的分布特征与NPP、标准干草产量与羊单位、牧业经济损失分布特征比较一致。选取的典型干旱事件主要有：1974年的中等干旱事件、1986年的严重干旱事件和1965年的极端干旱事件。整体上，1974年的中等干旱造成区域可利用牧草最大损失为198.27kg/(hm^2·a)，最小损失为－76.93kg/(hm^2·a)，1986年的严重干旱造成区域可利用牧草最大损失为350.68 kg/(hm^2·a)，最小损失为－49.52kg/(hm^2·a)；1965年的极端干旱造成区域可利用牧草平均损失为（225±0.65）kg/(hm^2·a)，最大损失为413.4 kg/(hm^2·a)，最小损失为－48.74kg/(hm^2·a)。

干旱造成的标准羊单位损失与干旱严重性一致，干旱越严重，造成的羊单位损失越大。总体上，1974年的中等干旱造成标准羊单位最大损失为1.03N/(hm^2·a)，最小损失为－0.16N/(hm^2·a)；整体上，1986年的严重干旱造成标准羊单位最大损失为1.05N/(hm^2·a)，最小损失为－0.18N/(hm^2·a)；总体上，1965年的极端干旱造成标准羊单位最大损失为1.82N/(hm^2·a)，最小为－0.63N/(hm^2·a)。

牧业经济损失大小由不同等级干旱的严重性决定。根据700元/羊单位（1980年不变价格）和评估方法估算，1974年牧业干旱经济损失为0.67亿元，比内蒙古水旱灾害统计的0.72亿元低0.5亿元，相对误差6.94%；1986年牧业干旱经济损失为1.351亿元，比内蒙古水旱灾害统计的1.484亿元低0.133亿元，相对误差8.96%；1965年牧业干旱经济损失为5.90亿元，比内蒙古水旱灾害统计的5.66亿元略高，相对误差4.24%。

针对本书提出的科学问题，以干旱指数和生态过程模型为工具，以野外水分控制和降水模拟试验为基础，基于通量观测数据进行区域模型精确校准的基础上，模拟了近50年内蒙古草原牧草变化，层层深入，依据牧草产量-载畜量转换以及等价代换原理和微积分思想，建立基于牧草生长过程模拟的牧业旱灾损失动态评估方法，定量估算了不同等级干旱事件对牧业产值造成的经济损失。有效地突破了研究区域实验站点和数据限制、草地类型多样化和干旱问题复杂而无法实现干旱影响时空动态评估与预估的瓶颈，为我国减灾防灾、国际气候变化谈判以及社会经济生态系统可持续发展提供了重大理论和技术支撑。

7.2　研究特色与创新

本书以自然灾害风险理论为指导，综合野外试验观测、生态定位观测及生态过程模型模拟等多种技术手段，以多因子环境下的野外水分控制实验和模型模拟为基础，解析水分胁迫-牧草-牲畜-牧业减产的灾害形成机制，通过牧草-载畜量的理论转换关系、等效代换原理和微积分思想全面刻画真实的牧业旱灾经济损失，基于牧草水分胁迫累进过程构建了耦合“自然（干旱）-社会（放牧）”二元属性的牧业旱灾综合损失动态评估方法。基于实时的气象资料可快速动态模拟水分胁迫对牧草生长的影响过程，通过牧草-载畜量的转换关系系统刻画牲畜显性和隐性损失，全面动态地模拟和评估任何一次及历史所有干旱事件造成的牧业经济损失及其空间分布，制定干旱情景下合理的区域放牧方案。与传统的旱灾损失统计方法相比，该方法可以实时客观地反映干旱对承灾体的动态影响，避免了人为估算的随意性、机理性强、时效性高、适用性强。主要创新如下。

（1）系统识别了牧业旱灾形成过程与机制。基于多因子环境下的野外水分控制试验和模型模拟实验，从干旱致灾因子对承灾体（牧草-牧业）的作用机制出发，研究不同放牧强度下动态量化描述牧草生长、发育和产量形成的过程及其对干旱压力累进的动态响应，解析“水分胁迫-牧草-牲畜-牧业”的定量响应关系，系统刻画不同放牧条件下承灾体的脆弱性，阐述基于“水分胁迫-牧草-牲畜-牧业”胁迫压力累进传递的牧业旱灾形成动态过程与机制。

（2）发展了耦合“自然（干旱)-社会（放牧）”二元属性的牧业综合损失动态评估模型。基于牧草生长过程的放牧模型能适用于各种土壤、气候和牧草类型，系统考虑了牧草形态和环境因素的时空变化对牧草生长和养分的影响，利用“气候-土壤-植被”相互作用过程产生的自然干旱胁迫并耦合放牧人类活动系统刻画了干旱对牧草的动态影响，创新性地利用牧业载畜量的换算方法和等效代换原理以及微积分思想全面定量评估牧业旱灾损失，充分考虑了牲畜死亡显性损失及掉膘和肉质下降等非死亡性隐性损失，进而得到较为真实的牧业综合损失。厘清了放牧和干旱对牧业产生的耦合作用，全面考虑了牧业的社会和自然二元属性，能够真正刻画不同放牧强度下牧业旱灾损失程度，制定了干旱条件下合理的牧区放牧强度方案，进一步降低了干旱造成的牧业损失。

参 考 文 献

[1] Allaby M.. Grasslands [J]. Infobase Publishing, 2009: 1-126.

[2] Asner G. P., Nepstad D., Cardinot G., et al. Drought stress and carbon uptake in an Amazon forest measured with spaceborne imaging spectroscopy [J]. Proceedings of the National Academy of Sciences of the United States of America, 2004, 101 (16): 6039-6044.

[3] Bai Y., Han, X., Wu J., et al. Ecosystem stability and compensatory effects in the Inner Mongolia grassland [J]. Nature, 2004, 431 (7005): 181-184.

[4] Baldocchi D., Falge E., Gu L., et al. FLUXNET: A new tool to study the temporal and spatial variability of ecosystem-scale carbon dioxide, water vapor, and energy flux densities [J]. Bulletin of the American Meteorological Society, 2001, 82 (11): 2415-2434.

[5] Baldocchi D. D.. Assessing the eddy covariance technique for evaluating carbon dioxide exchange rates of ecosystems: past, present and future [J]. Global Change Biology, 2003, 9 (4): 479-492.

[6] Bardgett R. D., Manning P., Morriën E., et al. Hierarchical responses of plant-soil interactions to climate change: consequences for the global carbon cycle [J]. Journal of Ecology, 2013, 101 (2): 334-343.

[7] Blaikie P., Cannon T., Davis I., et al. At risk: natural hazards, people's vulnerability and disasters. Routledge [M]. London: Rout-ledge, 2014.

[8] Blair R. D., Kaserman D. L.. Law and economics of vertical integration and control [M]. Pittsburgh: Academic Press, 2014.

[9] Bloor J. M., Bardgett R. D.. Stability of above-ground and below-ground processes to extreme drought in model grassland ecosystems: interactions with plant species diversity and soil nitrogen availability [J]. Perspectives in Plant Ecology, Evolution and Systematics, 2012, 14 (3): 193-204.

[10] Bloor J. M., Pichon P., Falcimagne R., et al. Effects of warming, summer drought, and CO_2 enrichment on aboveground biomass production, flowering phenology, and community structure in an upland grassland ecosystem [J]. Ecosystems, 2010, 13 (6): 888-900.

[11] Blum A.. Plant water relations, plant stress and plant production [M]. Berlin: Springer, 2011.

[12] Bobbink R., Hettelingh J.-P.. Review and revision of empirical critical loads and dose-response relationships, Proceedings of an expert workshop, Noordwijkerhout, pp [C]. 2010: 23-25.

[13] Bolt B. A., Horn W., MacDonald G. A., et al. Geological Hazards: Earthquakes-Tsunamis-Volcanoes-Avalanches-Landslides-Floods [M]. Berlin: Springer Science & Business Media, 2013.

[14] Bonan, G. B.. Ecological climatology: concepts and applications [M]. Cambridge: Cambridge University Press, 2002.

[15] Bonsal B. R., Wheaton E. E., Chipanshi A. C.. Drought research in Canada: a review [J]. Atmosphere-Ocean, 2011, 49 (4): 303-319.

[16] Bork E. W., Thomas T., McDougall B.. Herbage response to precipitation in central Alberta boreal grasslands [J]. Journal of Range Management, 2001: 243-248.

[17] Bradley B. A., Houghton R., Mustard J. F., et al. Invasive grass reduces aboveground carbon stocks in shrublands of the Western US [J]. Global Change Biology, 2006, 12 (10): 1815-1822.

[18] Briggs J. M. , Knapp A. K. . Interannual variability in primary production in tallgrass prairie: climate, soil moisture, topographic position, and fire as determinants of aboveground biomass [J]. American Journal of Botany, 1995: 1024 - 1030.

[19] Castro M. d. , Martín - Vide J. , Alonso S. . El clima de España: pasado, presente y escenarios de clima para el siglo XXI [C]. In: Moreno - Rodríguez JM (ed) Evaluación preliminar de los impactos en España por efecto del cambio climático. Ministerio de Medio Ambiente, Madrid, Spain, pp, 2005: 1 - 64.

[20] Chang J. , Ciais P. , Viovy, N. . Effect of climate change, CO_2 trends, nitrogen addition, and land - cover and management intensity changes on the carbon balance of European grasslands [J]. Global change biology, 2016, 22 (1): 338 - 350.

[21] Chaves M. M. , Pereira J. S. , Maroco J. , et al. How plants cope with water stress in the field? Photosynthesis and growth [J]. Annals of Botany, 2002, 89 (7): 907 - 916.

[22] Chen, G. , Tian H. , Zhang C. . Drought in the Southern United States over the 20th century: variability and its impacts on terrestrial ecosystem productivity and carbon storage [J]. Climatic change, 2012, 114 (2): 379 - 397.

[23] Ciais, P. Reichstein M. , Viovy N. . Europe - wide reduction in primary productivity caused by the heat and drought in 2003 [J]. Nature, 2005, 437 (7058): 529 - 533.

[24] Costanza R. , D'Arge R. , De Groot R. , et al. The value of New Jersey's ecosystem services and natural capital [C]. 2006.

[25] Coupland R. T. . The effects of fluctuations in weather upon the grasslands of the Great Plains [J]. The Botanical Review, 1958, 24 (5): 273 - 317.

[26] Crabtree R. , Potter C. , Mullen R. . A modeling and spatio - temporal analysis framework for monitoring environmental change using NPP as an ecosystem indicator [J]. Remote Sensing of Environment, 2009, 113 (7): 1486 - 1496.

[27] Da Silva E. C. , De Albuquerque M. B. , De Azevedo Neto A. D. , et al. Drought and Its Consequences to Plants - From Individual to Ecosystem [J]. RESPONSES OF ORGANISMS TO WATER STRESS, 2013: 17.

[28] Dai A. . Drought under global warming: a review [J]. Wiley Interdisciplinary Reviews: Climate Change, 2011, 2 (1): 45 - 65.

[29] De Boeck H. J. , Dreesen F. E. , Janssens I. A. . Whole - system responses of experimental plant communities to climate extremes imposed in different seasons [J]. New Phytologist, 2011, 189 (3): 806 - 817.

[30] Marco M. , Deléglise C. , Eric M. , et al. Drought - induced shifts in plants traits, yields and nutritive value under realistic grazing and mowing managements in a mountain grassland [J]. Agriculture, Ecosystems & Environment, 2015 (213): 94 - 104.

[31] Di Cosmo N. . Ancient Inner Asian nomads: Their economic basis and its significance in Chinese history [J]. The Journal of Asian Studies, 1994, 53 (04): 1092 - 1126.

[32] Ding Y. , Hayes M. J. Widhalm M. . Measuring economic impacts of drought: a review and discussion [J]. Disaster Prevention and Management: An International Journal, 2011, 20 (4): 434 - 446.

[33] Ding Y. , Mu M. , Jianyun Z. , et al. Impacts of Climate Change on the Environment, Economy, and Society of China, Climate and Environmental Change in China: 1951 - 2012 [J]. Springer, 2016: 69 - 92.

[34] Dos Santos M. G. , Ribeiro R. V. , De Oliveira R. F. , et al. The role of inorganic phosphate on photosynthesis recovery of common bean after a mild water deficit [J]. Plant Science, 2006,

170 (3): 659 - 664.

[35] Dracup J. A. , Lee K. S. , Paulson E. G. . On the definition of droughts [J]. Water Resources Research, 1980, 16 (2): 297 - 302.

[36] Edwards D. C. . Characteristics of 20th century drought in the United States at multiple time scales, DTIC Document [J]. 1997.

[37] Ellis J. E. , Swift D. M. . Stability of African pastoral ecosystems: alternate paradigms and implications for development [J]. Journal of Range Management Archives, 1988, 41 (6): 450 - 459.

[38] EM - DAT C. . The OFDA/CRED international disaster database [J]. Université catholique, 2010.

[39] Falloon P. , Jones C. D. , Ades M. , et al. Direct soil moisture controls of future global soil carbon changes: An important source of uncertainty. Global Biogeochemical Cycles, 2011, 25 (3): GB3010.

[40] Fay P. A. , Carlisle J. D. , Knapp A. K. , et al. Altering rainfall timing and quantity in a mesic grassland ecosystem: design and performance of rainfall manipulation shelters [J]. Ecosystems, 2000, 3 (3): 308 - 319.

[41] M. , Eler K. , Simončič P. , et al. Carbon and water flux patterns of a drought - prone mid - succession ecosystem developed on abandoned karst grassland [J]. Agriculture, Ecosystems & Environment, 2016 (220): 152 - 163.

[42] Field C. B. , Barros V. R. , Mach K. , et al. Climate change 2014: impacts, adaptation, and vulnerability, 1 [C]. Cambridge University Press Cambridge, New York, NY, 2014.

[43] Fierer N. , Schimel J. P. . Effects of drying - rewetting frequency on soil carbon and nitrogen transformations [J]. Soil Biology and Biochemistry, 2002, 34 (6): 777 - 787.

[44] Fisher R. , Williams M. , Dacosta, A. , et al. . The response of an Eastern Amazonian rain forest to drought stress: results and modelling analyses from a throughfall exclusion experiment [J]. Global Change Biology, 2007, 13 (11): 2361 - 2378.

[45] Flanagan L. B. , Wever L. A. , Carlson, P. J. . Seasonal and interannual variation in carbon dioxide exchange and carbon balance in a northern temperate grassland [J]. Global Change Biology, 2002, 8 (7): 599 - 615.

[46] Fynn A. , Alvarez P. , Brown J. , et al. Soil carbon sequestration in United States rangelands [J]. Grassland carbon sequestration: management, policy and economics, 2010 (11): 57.

[47] Fynn R. , O′connor T. . Effect of stocking rate and rainfall on rangeland dynamics and cattle performance in a semi - arid savanna, South Africa [J]. Journal of Applied Ecology, 2000, 37 (3): 491 - 507.

[48] Gadgil S. , Guruprasad A. , Sikka D. , et al. Intraseasonal variation and simulation of the Indian summer monsoon. Simulation of interannual and intraseasonal monsoon variability [C]. Rep. WCRP - 68. World Meteorological Organization, 1992.

[49] Gallopín G. C. . Linkages between vulnerability, resilience, and adaptive capacity [J]. Global environmental change, 2006, 16 (3): 293 - 303.

[50] Gao Z. , Liu J. , Cao M. , et al. Impacts of land - use and climate changes on ecosystem productivity and carbon cycle in the cropping - grazing transitional zone in China [J]. Science in China Series D: Earth Sciences, 2005, 48 (9): 1479 - 1491.

[51] Gibson D. J. 2009. Grasses and grassland ecology [M]. Oxford: Oxford University Press, 2009.

[52] Gilgen A. , Buchmann N. . Response of temperate grasslands at different altitudes to simulated summer drought differed but scaled with annual precipitation [J]. Biogeosciences, 2009a, 6 (11): 2525 - 2539.

[53] Gilgen A. , Buchmann N. . Response of temperate grasslands at different altitudes to simulated sum-

mer drought differed but scaled with annual precipitation [J]. Biogeosciences Discussions, 2009b, 6 (3).

[54] Gill R. A. , Polley H. W. , Johnson H. B. , et al. Nonlinear grassland responses to past and future atmospheric CO_2 [J]. Nature, 2002, 417 (6886): 279 - 282.

[55] Guttman N. B. . Comparing the palmer drought index and the standardized precipitation index1 [C]. Wiley Online Library, 1998.

[56] Hagman G. , Beer H. , Bendz M. , et al. Prevention better than cure [D]. Report on human and environmental disasters in the Third World. 2, 1984.

[57] Han J. G. , Zhang Y. J. , Wang C. J. , et al. Rangeland degradation and restoration management in China [J]. The Rangeland Journal, 2008, 30 (2): 233 - 239.

[58] Hao Y. , Wang Y. , Mei X. , et al. The response of ecosystem CO_2 exchange to small precipitation pulses over a temperate steppe [J]. Plant ecology, 2010, 209 (2): 335 - 347.

[59] Hao Y. , Wang Y. , Mei X. , et al. CO_2 , H_2O and energy exchange of an Inner Mongolia steppe ecosystem during a dry and wet year [J]. Acta Oecologica, 2008, 33 (2): 133 - 143.

[60] Harper C. W. , Blair J. M. , Fay P. A. , et al. Increased rainfall variability and reduced rainfall amount decreases soil CO_2 flux in a grassland ecosystem [J]. Global Change Biology, 2005, 11 (2): 322 - 334.

[61] Hartley I. P. , Armstrong A. F. , Murthyw R. , et al. The dependence of respiration on photosynthetic substrate supply and temperature: integrating leaf, soil and ecosystem measurements [J]. Global Change Biology, 2006, 12 (10): 1954 - 1968.

[62] Hasibeder R. , Fuchslueger L. , Richter, A. , et al. Summer drought alters carbon allocation to roots and root respiration in mountain grassland. New Phytologist, 2015, 205 (3): 1117 - 1127.

[63] Hayes M. J. . Drought indices [D]. Wiley Online Library, 2006.

[64] Heim R. R. . Drought indices: a review [D]. 2000: 159 - 167 pp.

[65] Heimann M. , Reichstein M. . Terrestrial ecosystem carbon dynamics and climate feedbacks [J]. Nature, 2008, 451 (7176): 289 - 292.

[66] Henry H. A. , Juarez J. D. , Field C. B. , et al. Interactive effects of elevated CO_2 , N deposition and climate change on extracellular enzyme activity and soil density fractionation in a California annual grassland [J]. Global Change Biology, 2005, 11 (10): 1808 - 1815.

[67] Hodgkinson K. , Müller W. J. . Death model for tussock perennial grasses: a rainfall threshold for survival and evidence for landscape control of death in drought [J]. The rangeland journal, 2005, 27 (2): 105 - 115.

[68] Homewood K. , Lewis J. . Impact of drought on pastoral livestock in Baringo, Kenya 1983 - 85 [J]. Journal of Applied Ecology, 1987: 615 - 631.

[69] Hu Z. . Precipitation - use efficiency along a 4500 - km grassland transect [J]. Energy, Ecosystem, and Environmental Change, 2010: 60.

[70] Huang J. , Xue Y. , Sun S. , et al. Spatial and temporal variability of drought during 1960 - 2012 in Inner Mongolia, north China [J]. Quaternary International, 2015 (355): 134 - 144.

[71] Hufkens K. ,, Keenan T. F. , Flanagan L. B. , et al. Productivity of North American grasslands is increased under future climate scenarios despite rising aridity [J]. Nature Climate Change, 2016.

[72] Hunt J. E. , Kelliher F. M. , McSeveny T. M. et al. Long - term carbon exchange in a sparse, seasonally dry tussock grassland [J]. Global Change Biology, 2004, 10 (10): 1785 - 1800.

[73] Huxman T. E. , Smith M. D. , Fay P. A. , et al. Convergence across biomes to a common rain - use efficiency [J]. Nature, 2004a, 429 (6992): 651 - 654.

[74] Huxman T. E., Snyder K. A., Tissue D., et al. Precipitation pulses and carbon fluxes in semiarid and arid ecosystems [J]. Oecologia, 2004b, 141 (2): 254-268.

[75] Illius A., O′connor T.. On the relevance of nonequilibrium concepts to arid and semiarid grazing systems [J]. Ecological Applications, 199, 9 (3): 798-813.

[76] Ives A. R., Carpenter S. R.. Stability and diversity of ecosystems [J]. science, 2007, 317 (5834): 58-62.

[77] Jaksic V., kiIely G., Albertson J., et al. Net ecosystem exchange of grassland in contrasting wet and dry years [J]. Agricultural and Forest Meteorology, 2006, 139 (3): 323-334.

[78] Janga Reddy M., Ganguli P.. Application of copulas for derivation of drought severity-duration-frequency curves [J]. Hydrological Processes, 2012, 26 (11): 1672-1685.

[79] Jentsch A., Beierkuhnlein C.. Research frontiers in climate change: effects of extreme meteorological events on ecosystems [J]. Comptes Rendus Geoscience, 2008, 340 (9): 621-628.

[80] Jentsch A., Kreyling J., Beierkuhnlein C.. A new generation of climate-change experiments: events, not trends [J]. Frontiers in Ecology and the Environment, 2007, 5 (7): 365-374.

[81] Jentsch A., Kreyling J., Elmer M., et al. Climate extremes initiate ecosystem-regulating functions while maintaining productivity [J]. Journal of Ecology, 2011, 99 (3): 689-702.

[82] Kemp D. R., Guodong H., Xiangyang H., et al. Innovative grassland management systems for environmental and livelihood benefits [J]. Proceedings of the National Academy of Sciences, 2013, 110 (21): 8369-8374.

[83] Keyantash J., Dracup J. A.. The quantification of drought: an evaluation of drought indices [J]. Bulletin of the American Meteorological Society, 2002, 83 (8): 1167-1180.

[84] Knapp A. K., Fay P. A., Blair J. M., et al. Rainfall variability, carbon cycling, and plant species diversity in a mesic grassland [J]. Science, 2002, 298 (5601): 2202-2205.

[85] Knapp A. K., Smith M. D.. Variation among biomes in temporal dynamics of aboveground primary production [J]. science, 2001, 291 (5503): 481-484.

[86] Koerner S.. Effects of global change on savanna grassland ecosystems, 2012.

[87] Kreft S., Eckstein D., Junghans L., et al. Global climate risk index 2015 [J]. Who suffers most from extreme weather events, 2014: 1-31.

[88] Kreyling J., Beierkuhnlein C., Elmer M., et al. Soil biotic processes remain remarkably stable after 100-year extreme weather events in experimental grassland and heath [J]. Plant and Soil, 2008, 308 (1-2): 175-188.

[89] Kuylenstierna J. C., Rodhe H., Cinderby S., et al. Acidification in developing countries: ecosystem sensitivity and the critical load approach on a global scale [J]. Ambio: A Journal of the Human Environment, 2001, 30 (1): 20-28.

[90] Łabędzki L.. Estimation of local drought frequency in central Poland using the standardized precipitation index SPI [J]. Irrigation and Drainage, 2007, 56 (1): 67-77.

[91] Lackner S., Barnwal P., Von der Goltz J.. Drought-A Global Assessment, AGU Fall Meeting Abstracts, pp., 2013: 1082.

[92] Lal R.. Erosion-crop productivity relationships for soils of Africa [J]. Soil Science Society of America Journal, 1995, 59 (3): 661-667.

[93] Lambers H., Chapin Ⅲ F. S., Pons T. L.. Plant water relations [J]. Springer, 2008: 36-54.

[94] Laporte M. F., Duchesne L., Wetzel S.. Effect of rainfall patterns on soil surface CO_2 efflux, soil moisture, soil temperature and plant growth in a grassland ecosystem of northern Ontario, Canada: implications for climate change [J]. BMC ecology, 22002, (1): 10.

[95] Lau J. A., Lennon J. T.. Rapid responses of soil microorganisms improve plant fitness in novel environments. Proceedings of the National Academy of Sciences, 2012, 109 (35): 14058 - 14062.

[96] Lauenroth W., Sala O. E.. Long - term forage production of North American shortgrass steppe [J]. Ecological Applications, 1992, 2 (4): 397 - 403.

[97] Leavit S. W.. Biogeochemistry, An Analysis of Global Change [J]. Eos, Transactions American Geophysical Union, 1998, 79 (2): 20 - 20.

[98] Lei T., Pang Z., Wang X., et al. Drought and Carbon Cycling of Grassland Ecosystems under Global Change: A Review., 2016, 8 (10).

[99] Lei T., Wu J., Li X., et al. A new framework for evaluating the impacts of drought on net primary productivity of grassland [J]. Science of The Total Environment, 2015, 536: 161 - 172.

[100] Leitinger, G. Impact of droughts on water provision in managed alpine grasslands in two climatically different regions of the Alps [J]. Ecohydrology, 2015, 8 (8): 1600 - 1613.

[101] Lesnoff M., Corniaux C., Hiernaux P.. Sensitivity analysis of the recovery dynamics of a cattle population following drought in the Sahel region. Ecological modelling, 2012 (232): 28 - 39.

[102] Liang E. Y., Shao X. M., Huang L., et al. The 1920S Drought Recorded by Tree Rings and Historical Documents in the Semi - Arid and Arid Areas of Northern China [J]. Climatic Change, 2006, 79 (3 - 4): 403 - 432.

[103] Liebig M., Kronberg S., Hendrickson J., et al. Grazing management, season, and drought contributions to near - surface soil property dynamics in semiarid rangeland [J]. Rangeland Ecology & Management, 2014, 67 (3): 266 - 274.

[104] Loehle C.. Criteria for assessing climate change impacts on ecosystems [J]. Ecology and evolution, 2011, 1 (1): 63 - 72.

[105] Louhaichi M., Tastad A.. The Syrian steppe: past trends, current status, and future priorities [J]. Rangelands, 2010, 32 (2): 2 - 7.

[106] Luo Y., Gerten D., Le Maire G., et al. Modeled interactive effects of precipitation, temperature, and [CO_2] on ecosystem carbon and water dynamics in different climatic zones [J]. Global Change Biology, 2008, 14 (9): 1986 - 1999.

[107] Ma W., YangY., He J., et al. Above - and belowground biomass in relation to environmental factors in temperate grasslands, Inner Mongolia [J]. Science in China Series C: Life Sciences, 2008, 51 (3): 263 - 270.

[108] Ma Z., Peng C., Zhu Q., et al. Regional drought - induced reduction in the biomass carbon sink of Canada's boreal forests [J]. Proceedings of the National Academy of Sciences, 2012, 109 (7): 2423 - 2427.

[109] Martí - Roura M., Casals P., Romanyà J.. Temporal changes in soil organic C under Mediterranean shrublands and grasslands: impact of fire and drought [J]. Plant and soil, 2001, 338 (1 - 2): 289 - 300.

[110] Mayerhofer P., Alcamo, J., Posch M., et al. Regional Air Pollution and Climate Change in Europe: an Integrated Assessment (Air - Clim) [J]. Water, Air, & Soil Pollution, 2001, 130 (1 - 4): 1151 - 1156.

[111] McCarthy J. J.. Climate change 2001: impacts, adaptation, and vulnerability: contribution of Working Group Ⅱ to the third assessment report of the Intergovernmental Panel on Climate Change [M]. Cambridge: Cambridge University Press, 2001.

[112] McKee T. B., Doesken N. J., Kleist, J.. The relationship of drought frequency and duration to time scales, Proceedings of the 8th Conference on Applied Climatology [J]. American Meteoro-

logical Society Boston, MA, pp, 1993: 179 - 183.

[113] Meehl G. A. , Karl T. R. , Easterlling D. R. , et al. An Introduction to Trends in Extreme Weather and Climate Events: Observations, Socioeconomic Impacts, Terrestrial Ecological Impacts, and Model Projections [J]. Bulletin of the American Meteorological Society, 2000, 81 (3): 413 -416.

[114] Meir P. , Ian Woodward F. . Amazonian rain forests and drought: response and vulnerability [J]. New Phytologist, 2010, 187 (3): 553 - 557.

[115] Meir P. , Metcalfe D. , Costa A. , et al. The fate of assimilated carbon during drought: impacts on respiration in Amazon rainforests [J]. Philosophical Transactions of the Royal Society B: Biological Sciences, 2008, 363 (1498): 1849 - 1855.

[116] Melillo J. M. , Mc Guire A. D. , Kicklighter D. W. , et al. Global climate change and terrestrial net primary production [J]. Nature, 1993, 363 (6426): 234 - 240.

[117] Meyers T. P. . A comparison of summertime water and CO_2 fluxes over rangeland for well watered and drought conditions [J]. Agricultural and Forest Meteorology, 2001, 106 (3): 205 - 214.

[118] Miao L. , Fraser R. , Sun Z. , et al. Climate impact on vegetation and animal husbandry on the Mongolian plateau: a comparative analysis [J]. Natural Hazards, 2016, 80 (2): 727 - 739.

[119] Milne E. , Sessay M. , Paustian K. , et al. Towards a standardized system for the reporting of carbon benefits in sustainable land management projects [J]. Grassland carbon sequestration: management, policy and economics, 2010 (11): 105.

[120] Miranda A. C. , Miranda H. S. , Lloyd J. , et al . Fluxes of carbon, water and energy over Brazilian cerrado: an analysis using eddy covariance and stable isotopes [J]. Plant, Cell & Environment, 1997, 20 (3): 315 - 328.

[121] Mirzaei H. , Kreyling J. , Hussain M. Z. , et al. . A single drought event of 100 - year recurrence enhances subsequent carbon uptake and changes carbon allocation in experimental grassland communities [J]. Journal of Plant Nutrition and Soil Science, 2008, 171 (5): 681 - 689.

[122] Mishra, A. K. , Singh V. P. . A review of drought concepts [J]. Journal of Hydrology, 2010, 391 (1): 202 - 216.

[123] Mishra A. K. , Singh V. P. . Drought modeling - A review [J]. Journal of Hydrology, 2011, 403 (1): 157 - 175.

[124] Moreels G. , Gattinger R. L. , Jones A. V. . GIS and geomatics for disaster management and emergency relief: a proactive response to natural hazards [J]. Applied Geomatics, 2012, 4 (1): 33 - 46.

[125] Morgan J. A. , Le Cain D. R. , Pendall E. , et al. C4 grasses prosper as carbon dioxide eliminates desiccation in warmed semi - arid grassland [J]. Nature, 2011, 476 (7359): 202 - 205.

[126] Mu Q. , Zhao M. , Running S. W. , et al. Contribution of increasing CO_2 and climate change to the carbon cycle in China's ecosystems [J]. Journal of Geophysical Research: Biogeosciences (2005 - 2012), 2008: 113 (G1).

[127] Nemani R. R. , Keeling C. D. , Hashimoto H. , et al. Climate - driven increases in global terrestrial net primary production from 1982 to 1999 [J]. Science, 2003, 300 (5625): 1560 - 1563.

[128] Nilsson J. . Critical loads for sulphur and nitrogen, Air Pollution and Ecosystems [J]. Springer, pp, 1988: 85 - 91.

[129] Niu S. L. , Wu M. Y. , Hart Y. , et al. Water - mediated responses of ecosystem carbon fluxes to climatic change in a temperate steppe [J]. New Phytologist, 2008, 177 (1): 209 - 219.

[130] Niu S. , Wu M. , Han Y. , et al. , Nitrogen effects on net ecosystem carbon exchange in a temperate steppe [J]. Global Change Biology, 2010, 16 (1): 144 - 155.

[131] Norby R. J. , Luo Y. . Evaluating ecosystem responses to rising atmospheric CO_2 and global warming in a multi - factor world [J]. New Phytologist, 2004, 162 (2): 281 - 293.

[132] Novick K. , Stoy P. , Katul G. , et al. Carbon dioxide and water vapor exchange in a warm temperate grassland [J]. Oecologia, 2004, 138 (2): 259 - 274.

[133] O'connor T. , Haines L. , Snyman, H. . Influence of precipitation and species composition on phytomass of a semi - arid African grassland [J]. Journal of Ecology, 2001, 89 (5): 850 - 860.

[134] Oh S. - B. , Byun H. - R. , Kim D. - W. . Spatiotemporal characteristics of regional drought occurrence in East Asia [J]. Theoretical and Applied Climatology, 2013: 1 - 13.

[135] Palmer W. C. . Meteorological drought [C]. US Department of Commerce, Weather Bureau Washington, DC, USA, 1965.

[136] Parmesan C. . Ecological and evolutionary responses to recent climate change [J]. Annu. Rev. Ecol. Evol. Syst. , 2006 (37): 637 - 669.

[137] Parry M. L. . Climate change 2007 - impacts, adaptation and vulnerability: Working group Ⅱ contribution to the fourth assessment report of the IPCC, 4 [M]. Cambridge: Cambridge University Press, 2007.

[138] Parton W. , Scurlock J. , Ojima D. , et al. Impact of climate change on grassland production and soil carbon worldwide [J]. Global Change Biology, 1995, 1 (1): 13 - 22.

[139] Paruelo J. M. , Lauenroth W. K. , Burke I. C. , et al. Grassland precipitation - use efficiency varies across a resource gradient [J]. Ecosystems, 1999, 2 (1): 64 - 68.

[140] Pei F. , Li X. , Liu X. , et al. . Assessing the impacts of droughts on net primary productivity in China [J]. Journal of Environmental Management, 2013, 114 (0): 362 - 371.

[141] Pendall E. , Mosier A. R. , organ, J. , et al. Warming reduces carbon losses from grassland exposed to elevated atmospheric carbon dioxide [J]. PloS one, 2013, 8 (8): e71921.

[142] Peng M. , Zhang L. M. . Dynamic decision making for dam - break emergency management - Part 2: Application to Tangjiashan landslide dam failure [J]. Natural Hazards & Earth System Sciences, 2013, 13 (2): 439 - 454.

[143] Peng S. , Piao S. , Shen Z. , et al. Precipitation amount, seasonality and frequency regulate carbon cycling of a semi - arid grassland ecosystem in Inner Mongolia, China: A modeling analysis [J]. Agricultural and Forest Meteorology, 2013 (178): 46 - 55.

[144] Peters W. , Jacobson A. R. , Sweeney C. , et al. An atmospheric perspective on North American carbon dioxide exchange: CarbonTracker [J]. Proceedings of the National Academy of Sciences, 2007, 104 (48): 18925 - 18930.

[145] Piao S. , Ciais P. , Huang Y. , et al. The impacts of climate change on water resources and agriculture in China [J]. Nature, 2010, 467 (7311): 43 - 51.

[146] Piao S. L. , Yin L. , Wang X. H. , et al. Summer soil moisture regulated by precipitation frequency in China [J]. Environmental Research Letters, 2009, 4 (4): 044012.

[147] Porter E. , Blett T. , Potter D. U. . Protecting resources on federal lands: implications of critical loads for atmospheric deposition of nitrogen and sulfur [J]. BioScience, 2005, 55 (7): 603 -612.

[148] Raich J. W. , Potter C. S. , Bhagawati D. . Interannual variability in global soil respiration, 1980 - 94 [J]. Global Change Biology, 2002, 8 (8): 800 - 812.

[149] Reichstein M. , Bahn M. , Ciais P. , et al. Climate extremes and the carbon cycle [J]. Nature, 2013, 500 (7462): 287 - 295.

[150] Reichstein M. , Ciais P. , Papale D. , et al. Reduction of ecosystem productivity and respiration during the European summer 2003 climate anomaly: a joint flux tower, remote sensing and model-

ling analysis [J]. Global Change Biolo2005, gy, 2007, 13 (3): 634 - 651.

[151] Ribas - Carbo M., Taylor N. L., Giles L., et al. Effects of water stress on respiration in soybean leaves [J]. Plant Physiology, 2005, 139 (1): 466 - 473.

[152] Running S. W., Baldocchi D. D., Turner D. P., et al. A global terrestrial monitoring network integrating tower fluxes, flask sampling, ecosystem modeling and EOS satellite data [J]. Remote Sensing of Environment, 1999, 70 (1): 108 - 127.

[153] Sala O. E., Parton, W. J., Joyce L., et al. Primary production of the central grassland region of the United States [J]. Ecology, 1988, 69 (1): 40 - 45.

[154] Scheffer M., Carpenter S., Foley J. A., et al. Catastrophic shifts in ecosystems [J]. Nature, 2011, 413 (6856): 591 - 596.

[155] Schmid S., Hiltbrunner E., Spehn E. M., et al. Impact of experimentally induced summer drought on biomass production in alpine grassland, Grassland farming and land management systems in mountainous regions [D]. Proceedings of the 16th Symposium of the European Grassland Federation, Gumpenstein, Austria, 29th - 31st August, 2011. Agricultural Research and Education Center (AREC) Raumberg - Gumpenstein, 2011: 214 - 216.

[156] Schubert S. D., Suarez M. J., Pegion P. J., et al. On the cause of the 1930s Dust Bowl [J]. Science, 2004, 303 (5665): 1855 - 1859.

[157] Schwalm C. R., Williams C. A., Schaefer K., et al. Reduction in carbon uptake during turn of the century drought in western North America [J]. Nature Geoscience, 2012, 5 (8): 551 - 556.

[158] Schymanski S., Sivapalan M., Roderick M., et al. An optimality - based model of the coupled soil moisture and root dynamics [C]. Hydrology & Earth System Sciences Discussions, 2008, 5 (1).

[159] Scott R. L., Biederman J. A., Hamerlynck E. P., et al. The carbon balance pivot point of southwestern US semiarid ecosystems: Insights from the 21st century drought [J]. Journal of Geophysical Research: Biogeosciences, 2015, 120 (12): 2612 - 2624. 2010,

[160] Scott R. L., Hamerlynck E. P., Jenerette G. D., et al. Carbon dioxide exchange in a semidesert grassland through drought - induced vegetation change [J]. Journal of Geophysical Research: Biogeosciences (2005 - 2012), 2010: 115 (G3).

[161] Scott R. L., Jenerette G. D., Potts D. L., et al. Effects of seasonal drought on net carbon dioxide exchange from a woody - plant - encroached semiarid grassland [J]. Journal of Geophysical Research: Biogeosciences (2005 - 2012), 2009a, 114 (G4): G04004.

[162] Scott R. L., Jenerette G. D., Potts D. L., et al. Effects of seasonal drought on net carbon dioxide exchange from a woody - plant - encroached semiarid grassland [J]. Journal of Geophysical Research: Biogeosciences (2005 - 2012), 2009b, 114 (G4).

[163] Seabloom E. W., Harpole W. S., Reichman O., et al. Invasion, competitive dominance, and resource use by exotic and native California grassland species [J]. Proceedings of the National Academy of Sciences, 2003, 100 (23): 13384 - 13389.

[164] Shafer B. and Dezman L.. Development of a Surface Water Supply Index (SWSI) to assess the severity of drought conditions in snowpack runoff areas [J]. Proceedings of the Western Snow Conference, 1982: 164 - 175.

[165] Shanahan T. M., Overpeck J. T., Anchukaitis K. J., et al. Atlantic forcing of persistent drought in West Africa [J]. science, 2009, 324 (5925): 377 - 380.

[166] Shaw M. R., Zavaleta E. S., Chiariello N. R., et al. Grassland responses to global environmental changes suppressed by elevated CO_2 [J]. Science, 2002, 298 (5600): 1987 - 1990.

[167] Sheffield J. , Wood E. F. . Characteristics of global and regional drought, 1950 - 2000: Analysis of soil moisture data from off - line simulation of the terrestrial hydrologic cycle [J]. Journal of Geophysical Research: Atmospheres (1984 - 2012), 2007, 112 (D17).

[168] Sheffield J. , Wood E. F. . Drought: Past problems and future scenarios [M]. London: Routledge, 2012.

[169] Sheffield J. , Wood E. F. , Roderick M. L. . Little change in global drought over the past 60 years [J]. Nature, 2012, 491 (7424): 435 - 438.

[170] Shi X. , Zhao D. Wu S. , et al. Climate change risks for net primary production of ecosystems in China [J]. Human and Ecological Risk Assessment: An International Journal, 2016, 22 (4): 1091 - 1105.

[171] Shinoda M. , Nachinshonhor G. , Nemoto M. . Impact of drought on vegetation dynamics of the Mongolian steppe: a field experiment [J]. Journal of arid environments, 2010a, 74 (1): 63 - 69.

[172] Shinoda M. , Nachinshonhor G. U. , Nemoto, M. . Impact of drought on vegetation dynamics of the Mongolian steppe: A field experiment [J]. Journal of Arid Environments, 2010b, 74 (1): 63 - 69.

[173] Signarbieux C. and Feller U. . Effects of an extended drought period on physiological properties of grassland species in the field [J]. Journal of plant research, 2012, 125 (2): 251 - 261.

[174] Sitch S. , Cox P. , Collins W. , et al. Indirect radiative forcing of climate change through ozone effects on the land - carbon sink [J]. Nature, 2007, 448 (7155): 791 - 794.

[175] Smith K. . Environmental hazards: assessing risk and reducing disaster [M]. London: Routledge, 2013.

[176] Smith M. D. . An ecological perspective on extreme climatic events: a synthetic definition and framework to guide future research [J]. Journal of Ecology, 2011, 99 (3): 656 - 663.

[177] Smith M. D. , Knapp A. K. . Physiological and morphological traits of exotic, invasive exotic, and native plant species in tallgrass prairie [J]. International Journal of Plant Sciences, 2001. 162 (4): 785 - 792.

[178] Smith P. , Fang C. , Dawson J. J. , et al. Impact of global warming on soil organic carbon [J]. Advances in agronomy, 2008 (97): 1 - 43.

[179] Soler C. M. T. , Sentelhas, P. C. , Hoogenboom, G. . Application of the CSM - CERES - Maize model for planting date evaluation and yield forecasting for maize grown off - season in a subtropical environment [J]. European Journal of Agronomy, 2007, 27 (2): 165 - 177.

[180] Solomon S. Climate change 2007 - the physical science basis: Working group I contribution to the fourth assessment report of the IPCC, 4 [M]. Cambridge : Cambridge University Press, 2007: 339 - 378 pp.

[181] Song Y. , Njoroge J. B. , Morimoto Y. . Drought impact assessment from monitoring the seasonality of vegetation condition using long - term time - series satellite images: a case study of Mt. Kenya region [J]. Environmental monitoring and assessment, 2013, 185 (5): 4117 - 4124.

[182] Soussana J. - F. , Barioni L. G. , Ben - Ari T. , et al. Managing grassland systems in a changing climate: the search for practical solutions [D]. Proceedings of the 22nd International Grassland Congress, Sidney, 2013: 15 - 19.

[183] Soussana J. F. , Lüscher A. . Temperate grasslands and global atmospheric change: a review [J]. Grass and Forage Science, 2007, 62 (2): 127 - 134.

[184] Spinoni J. , Naumann G. , Carrao H. , et al. World drought frequency, duration, and severity for 1951 - 2010. International Journal of Climatology, 2013.

[185] Sternberg T. . Regional drought has a global impact [J]. Nature, 2011, 472 (7342): 169 - 169.

[186] Sternberg T.. Chinese drought, bread and the Arab Spring [J]. Applied Geography, 2012 (34): 519 - 524.

[187] Stocker T. F.. Climate change 2013: the physical science basis: Working Group I contribution to the Fifth assessment report of the Intergovernmental Panel on Climate Change [M]. Cambridge: Cambridge University Press, 2014.

[188] Stocker T. F., Dahe Q., Plattner G. - K.. Climate Change 2013: The Physical Science Basis. Working Group I Contribution to the Fifth Assessment Report of the Intergovernmental Panel on Climate Change [J]. Summary for Policymakers (IPCC, 2013), 2013: 1 - 33.

[189] Sui X., Zhou G.. Carbon dynamics of temperate grassland ecosystems in China from 1951 to 2007: an analysis with a process - based biogeochemistry model [J]. Environmental Earth Sciences, 2013, 68 (2): 521 - 533.

[190] Suseela V., Conant R. T., Wallenstein M. D., et al. Effects of soil moisture on the temperature sensitivity of heterotrophic respiration vary seasonally in an old - field climate change experiment [J]. Global Change Biology, 2012, 18 (1): 336 - 348.

[191] Suttle K., Thomsen M. A., Power M. E.. Species interactions reverse grassland responses to changing climate [J]. science, 2007, 315 (5812): 640 - 642.

[192] Tatham P.. An investigation into the suitability of the use of unmanned aerial vehicle systems (UAVS) to support the initial needs assessment process in rapid onset humanitarian disasters. Int J Risk Assess Manag [J]. International Journal of Risk Assessment & Management, 2009, 13 (1): 60 - 78 (19).

[193] Thompson J., Gavin H., Refsgaard A., et al. Modelling the hydrological impacts of climate change on UK lowland wet grassland [J]. Wetlands Ecology and Management, 2009, 17 (5): 503 - 523.

[194] Thuiller W.. Biodiversity: climate change and the ecologist [J]. Nature, 2007, 448 (7153): 550 - 552.

[195] Tilman D., El Haddi A.. Drought and biodiversity in grasslands [J]. Oecologia, 1992, 89 (2): 257 - 264.

[196] Tilman D., Reich P. B., Knops J. M.. Biodiversity and ecosystem stability in a decade - long grassland experiment [J]. Nature, 2006, 441 (7093): 629 - 632.

[197] Tourneux C., Peltier G.. Effect of water deficit on photosynthetic oxygen exchange measured using 18O2 and mass spectrometry in Solanum tuberosum L. leaf discs [J]. Planta, 1995, 195 (4): 570 - 577.

[198] Trnka M., Bartošová L., Schaumberger A., et al. Climate change and impact on European grasslands, Grassland farming and land management systems in mountainous regions [C]. Proceedings of the 16th Symposium of the European Grassland Federation, Gumpenstein, Austria, 29th - 31st August, 2011. Agricultural Research and Education Center (AREC) Raumberg - Gumpenstein, 2011: 39 - 51.

[199] Vallentine J. F.. Grazing management [J]. Elsevier, 2000.

[200] Van der Molen M. K., Dolman A. J., Ciais P., et al. Drought and ecosystem carbon cycling [J]. Agricultural and Forest Meteorology, 2011, 151 (7): 765 - 773.

[201] Van Minnen J. G., Onigkeit J., Alcamo J.. Critical climate change as an approach to assess climate change impacts in Europe: development and application [J]. Environmental Science & Policy, 2002, 5 (4): 335 - 347.

[202] Vogel A., Scherer - Lorenzen M., Weigelt A.. Grassland resistance and resilience after drought depends on management intensity and species richness [J]. PloS one, 2012, 7 (5): e36992.

[203] Walter J.. Beyond productivity - Effects of extreme weather events on ecosystem processes and biotic interactions, 2012.

[204] Walter J., Nagy L., Heinb R., et al. Do plants remember drought? Hints towards a drought - memory in grasses [J]. Environmental and Experimental Botany, 2011, 71 (1): 34 - 40.

[205] Walther G. - R., Post E., Convey P., et al. Ecological responses to recent climate change [J]. Nature, 2002, 416 (6879): 389 - 395.

[206] Wang Y., Hao Y., Cui X. Y., et al. Responses of soil respiration and its components to drought stress [J]. Journal of Soils and Sediments, 2014, 14 (1): 99 - 109.

[207] Weaver J. E.. Effects of different intensities of grazing on depth and quantity of roots of grasses [J]. Journal of Range Management, 1950, 3 (2): 100 - 113.

[208] White M. A., Thornton, P. E., Running S. W., et al. Parameterization and sensitivity analysis of the Biome - BGC terrestrial ecosystem model: net primary production controls [J]. Earth interactions, 2000, 4 (3): 1 - 85.

[209] Wilhite D. A.. Drought as a natural hazard: concepts and definitions [J]. Drought, a global assessment, 2000 (1): 3 - 18.

[210] Wilhite D. A.. Drought: a global assessment [M]. London: Routledge, 2001.

[211] Wilhite D. A.. Drought and water crises: science, technology, and management issues [C]. CRC Press, 2005a: 1 - 219.

[212] Wilhite D. A.. Drought and water crises: science, technology, and management issues [C]. CRC Press, 2005b.

[213] Wilhite D. A.. 干旱与水危机：科学，技术和管理 [M]. 南京：东南大学出版社，2008.

[214] Wilhite D. A., Glantz M. H.. Understanding: the drought phenomenon: the role of definitions [J]. Water international, 1985, 10 (3): 111 - 120.

[215] Wilhite D. A., Svoboda M. D., Hayes M. J.. Understanding the complex impacts of drought: a key to enhancing drought mitigation and preparedness [J]. Water Resources Management, 2007, 21 (5): 763 - 774.

[216] Woodward F., Lomas M.. Vegetation dynamics - simulating responses to climatic change [J]. Biological reviews, 2004, 79 (03): 643 - 670.

[217] Wu W., Wang S., Xiao X., et al. Modeling gross primary production of a temperate grassland ecosystem in Inner Mongolia, China, using MODIS imagery and climate data [J]. Science in China Series D: Earth Sciences, 2008, 51 (10): 1501 - 1512.

[218] Wu Z., Wu J., He B., et al. Drought offset Ecological Restoration Program - induced increase in vegetation activity in the Beijing - Tianjin Sand Source Region, China [J]. Environmental science & technology, 2014, 48 (20): 12108 - 12117.

[219] Xia J., Liu S. G., Liang S. L., et al. Spatio - Temporal Patterns and Climate Variables Controlling of Biomass Carbon Stock of Global Grassland Ecosystems from 1982 to 2006 [J]. Remote Sensing, 2014 6 (3): 1783 - 1802.

[220] Xiao J. F., Zhuang Q. L., Liang E. Y., et al. Twentieth - Century Droughts and Their Impacts on Terrestrial Carbon Cycling in China [J]. Earth Interactions, 2009, 13 (10): 1 - 31.

[221] Xu C., McDowell N. G., Sevanto S., et al. Our limited ability to predict vegetation dynamics under water stress [J]. New Phytologist, 2013, 200 (2): 298 - 300.

[222] Xu Z., Zhou G.. Responses of leaf stomatal density to water status and its relationship with photosynthesis in a grass [J]. Journal of Experimental Botany, 2008, 59 (12): 3317 - 3325.

[223] Xu Z., Zhou G., Shimizu H.. Are plant growth and photosynthesis limited by pre - drought fol-

lowing rewatering in grass [J]. Journal of experimental Botany, 2009: erp216.

[224] Yahdjian L., Sala O. E.. Vegetation structure constrains primary production response to water availability in the Patagonian steppe [J]. Ecology, 2006, 87 (4): 952-962.

[225] Yan L., Gou Z., Duan, Y.. A UAV Remote Sensing System: Design and Tests [J]. Geospatial Technology for Earth Observation, 2009: 27-44.

[226] Yang F., Zhou G.. Sensitivity of Temperate Desert Steppe Carbon Exchange to Seasonal Droughts and Precipitation Variations in Inner Mongolia, China [J]. PLoS ONE, 2013, 8 (2): e55418.

[227] Yang, F., Zhou G., Hunt J. E., et al. Biophysical regulation of net ecosystem carbon dioxide exchange over a temperate desert steppe in Inner Mongolia, China [J]. Agriculture, Ecosystems & Environment, 2011, 142 (3): 318-328.

[228] Yeh S.-W., S.-J. Kug, B. Dewitte, et al. El Niño in a changing climate [J]. Nature, 2009, 461 (7263): 511-514.

[229] Yin Y.. FEATURES OF LANDSLIDES TRIGGERED BY THE WENCHUAN EARTHQUAKE [J]. Journal of Engineering Geology, 2009, 17 (1): 29-38.

[230] Yu G., Li X., Wang Q., et al. Carbon storage and its spatial pattern of terrestrial ecosystem in China [J]. Journal of Resources and Ecology, 2010, 1 (2): 97-109.

[231] Zeng N., Qian, H., Roedenbeck C., et al. Impact of 1998-2002 midlatitude drought and warming on terrestrial ecosystem and the global carbon cycle [J]. Geophysical Research Letters, 2005, 32 (22).

[232] Zhang F., Zhou G., Wang Y., et al. Evapotranspiration and crop coefficient for a temperate desert steppe ecosystem using eddy covariance in Inner Mongolia, China [J]. Hydrological Processes, 2012a, 26 (3): 379-386.

[233] Zhang L., Guo H. D., Jia G. S., et al. Net ecosystem productivity of temperate grasslands in northern China: An upscaling study [J]. Agricultural and Forest Meteorology, 2014, 184 (0): 71-81.

[234] Zhang L., Xiao J., Li J., et al. The 2010 spring drought reduced primary productivity in southwestern China [J]. Environmental Research Letters, 2012b, 7 (4): 045706.

[235] Zhao M., Running, S. W.. Drought-induced reduction in global terrestrial net primary production from 2000 through 2009 [J]. science, 2010, 329 (5994): 940-943.

[236] Zhou G., Wang Y., Jiang, Y., et al. Carbon balance along the Northeast China transect (NECT-IGBP). Science in China [J]. Series C, Life sciences/Chinese Academy of Sciences,, 200145 (s1): 18-29.

[237] Zhou X., Weng E., Luo Y.. Modeling patterns of nonlinearity in ecosystem responses to temperature, CO_2, and precipitation changes. Ecological Applications, 2008, 18 (2): 453-466.

[238] 蔡学彩，李镇清，陈佐忠，等，2005. 内蒙古草原大针茅群落地上生物量与降水量的关系 [J]. 生态学报，2005，25 (7).

[239] 陈辰，王靖，潘学标，等. CENTURY 模型在内蒙古草地生态系统的适用性评价 [J]. 草地学报，2012 (6)：1011-1019.

[240] 陈全功，任继周，王珈谊. 中国草业开发与生态建设专家系统 [M]. 北京：电子工业出版社，2006.

[241] 陈素华，闫伟兄，乌兰巴特尔. 干旱对内蒙古草原牧草生物量损失的评估方法研究 [J]. 草业科学，2009，26 (5)：32-37.

[242] 陈晓鹏，尚占环. 中国草地生态系统碳循环研究进展 [J]. 中国草地学报，2011，33 (4)：99-110.

［243］ 陈佐忠，黄德华，张鸿芳．内蒙古锡林河流域羊草草原与大针茅草原地下生物量与降雨量关系模型探讨［C］．草原生态系统研究（第2集），1988：20225.
［244］ 陈佐忠，汪诗平，王艳芬．内蒙古典型草原生态系统定位研究最新进展［J］．植物学通报，2003，20（4）：423－429.
［245］ 程亮，金菊良，郦建强，等．干旱频率分析研究进展［J］．水科学进展，2013，24（2）：296－302.
［246］ 戴雅婷，那日苏，吴洪新，等．我国北方温带草原碳循环研究进展［J］．草业科学，2009，26（9）：43－48.
［247］ Doolinybose J.，Kassam A.．Yield respense to water［M］．Reman：Food and Agriculture Organization，1979.
［248］ 范月君，侯向阳，石红霄，等．气候变暖对草地生态系统碳循环的影响［J］．草业学报，2012，21（3）：294.
［249］ 方精云，柯金虎，唐志尧，等．生物生产力的"4P"概念，估算及其相互关系［J］．植物生态学报，2001，25（4）：414－419.
［250］ 伏玉玲，于贵瑞，王艳芬，等．水分胁迫对内蒙古羊草草原生态系统光合和呼吸作用的影响［C］．中国科学：D辑，2006a.
［251］ 伏玉玲，于贵瑞，王艳芬，等．水分胁迫对内蒙古羊草草原生态系统光合和呼吸作用的影响［C］．中国科学：D辑，2006b.
［252］ 郭建平，高素华，刘玲．中国北方地区牧草气候生产力及主要限制因子［J］．中国生态农业学报，2002（3）.
［253］ 郭群，胡中民，李轩然，等．降水时间对内蒙古温带草原地上净初级生产力的影响［J］．生态学报，2013，33（15）：4808－4817.
［254］ 韩建国．草地学［M］．北京：中国农业出版社，2007.
［255］ 侯琼，王英舜，师桂花，等．锡林郭勒典型草原牧草生长特性与主要生态因子分析中国农业出版社．中国农学通报，2010，26（14）：1－7.
［256］ 黄敬峰，王秀珍，王人潮，等．天然草地牧草产量遥感综合监测预测模型研究［J］．遥感学报，2001，5（1）：69－74.
［257］ 孔庆馥．中国饲用植物化学成分及营养价值表［M］．北京：中国农业出版社，1990.
［258］ 李晶．内蒙古自治区干旱灾害时空分布规律及预测研究［D］．呼和浩特：内蒙古农业大学，2010.
［259］ 李克让，尹思明，沙万英．中国现代干旱灾害的时空特征［J］．地理研究，1996，15（3）：6－15.
［260］ 李明峰，董云社，齐玉春，等．极端干旱对温带草地生态系统 CO_2，CH_4，N_2O 通量特征的影响［J］．资源科学，2004，26（3）：89－95.
［261］ 李琪，薛红喜，王云龙，等．土壤温度和水分对克氏针茅草原生态系统碳通量的影响初探［J］．农业环境科学学报，2011，30（3）：605－610.
［262］ 李兴华，李云鹏，杨丽萍．内蒙古干旱监测评估方法综合应用研究［J］．干旱区资源与环境，2014（3）：028.
［263］ 李兴华，魏玉荣，张存厚．内蒙古草地面积的变化及其成因分析——以锡林郭勒盟多伦县为例［J］．草业科学，2012，29（01）：19－24.
［264］ 李忆平，王劲松，李耀辉，等．中国区域干旱的持续性特征研究［J］．冰川冻土，2014，36（5）：1131－1142.
［265］ 廖国藩，贾幼陵．中国草地资源［M］．北京：中国科学技术出版社，1996.
［266］ 刘春晖．气候变化对阿拉善蒙古族传统畜牧业及其生计的影响研究［M］．北京：中央民族大学出版社，2013.
［267］ 刘颖秋，宋建军，张庆杰．干旱灾害对我国社会经济影响研究［M］．北京：中国水利水电出版

社，2005.
[268] 刘钰，汪林，倪广恒，等. 中国主要作物灌溉需水量空间分布征 [J]. 农业工程学报，2009 (12)：6-12.
[269] 马文红，杨元合，贺金生，等. 内蒙古温带草地生物量及其与环境因子的关系 [J]. 中国科学：C辑，2008，38 (1)：84-92.
[270] 毛留喜，侯英雨，钱拴，等. 牧草产量的遥感估算与载畜能力研究 [J]. 农业工程学报，2008，24 (8)：147-151.
[271] 莫兴国，林忠辉，李宏轩，等. 基于过程模型的河北平原冬小麦产量和蒸散量模拟 [J]. 地理研究，2004，23 (5)：623-631.
[272] 莫志鸿，李玉娥，高清竹. 主要草原生态系统生产力对气候变化响应的模拟 [J]. 中国农业气象，2012，33 (4)：545-554.
[273] 聂俊峰，韩清芳，问亚军，等. 我国北方农业旱灾的危害特点与减灾对策 [J]. 干旱地区农业研究，2005，23 (6)：171-178.
[274] 欧阳惠. 水旱灾害学 [M]. 北京：气象出版社，2001.
[275] 彭琴，齐玉春，董云社. 干旱半干旱地区草地碳循环关键过程对降雨变化的响应 [J]. 地理科学进展，2012，31 (11)：1510-1518.
[276] 朴世龙，方精云，贺金生，等. 中国草地植被生物量及其空间分布格局 [J]. 植物生态学报，2004，28 (4)：491-498.
[277] 齐玉春，董云社 刘纪远，等. 内蒙古半干旱草原 CO_2 排放通量日变化特征及环境因子的贡献 [J]. 中国科学：D辑，2005，35 (6)：493-501.
[278] 曲武. 吉林省西部人工草地动态水分生产函数及优化灌溉制度研究 [M]. 长春：吉林大学出版社，2011.
[279] 宋桂英，潘进军，王德民，等. 内蒙古夏季干旱的水汽输送特征分析 [J]. 气象，2007，33 (6)：75-81.
[280] 田汉勤，刘明亮，张弛，等. 全球变化与陆地系统综合集成模拟——新一代陆地生态系统动态模型 (DLEM) [J]. 地理学报/Acta Geographica Sinica，2010，65 (9)：1027-1047.
[281] 王超. 应用 Biome-BGC 模型研究典型生态系统的碳、水汽通量 [D]. 南京：南京农业大学，2006.
[282] 王宏，李晓兵，李霞，等. 中国北方草原对气候干旱的响应 [J]. 生态学报，2008，28 (1)：172-182.
[283] 王民. 中国主要作物需水量与灌溉 [M]. 北京：水利电力出版社，1995.
[284] 王永芬，莫兴国，郝彦宾，等. 基于 VIP 模型对内蒙古草原蒸散季节和年际变化的模拟 [J]. 植物生态学报，2008，32 (5)：1052-1060.
[285] 王玉辉，周广胜. 内蒙古羊草草原植物群落地上初级生产力时间动态对降水变化的响应 [J]. 生态学报，2004 (6).
[286] 王云龙. 克氏针茅草原的碳通量与碳收支 [D]. 北京：中国科学院，2008.
[287] 王云龙，许振柱，周广胜. 水分胁迫对羊草光合产物分配及其气体交换特征的影响 [J]. 植物生态学报，2004，28 (6)：803-809.
[288] 肖金玉，蒲小鹏，徐长林. 禁牧对退化草地恢复的作用 [J]. 草业科学，2015，32 (1)：138-145.
[289] 徐新创，葛全胜，郑景云，等. 区域农业干旱风险评估研究——以中国西南地区为例 [J]. 地理科学进展，2011，30 (7)：883-890.
[290] 徐柱，郑阳. 不同放牧率对内蒙古克氏针茅草原地下生物量及地上净初级生产量的影响 [J]. 中国草地学报，2009，(3)：26-29.
[291] 杨大文，雷慧闽，丛振涛. 流域水文过程与植被相互作用研究现状评述 [J]. 水利学报，2010，

41 (10): 1142-1149.

[292] 姚玉璧，张强，李耀辉，等. 干旱灾害风险评估技术及其科学问题与展望 [J]. 资源科学，2013，35 (9).

[293] 袁文平，蔡文文，刘丹，等. 陆地生态系统植被生产力遥感模型研究进展 [J]. 地球科学进展，2014，29 (5): 541-550.

[294] 袁文平，周广胜. 标准化降水指标与 Z 指数在我国应用的对比分析 [J]. 植物生态学报，2004a，28 (4): 523-529.

[295] 袁文平，周广胜. 干旱指标的理论分析与研究展望 [J]. 地球科学进展，2004b，19 (6): 982-991.

[296] 张继权. 综合自然灾害风险管理——全面整合的模式与中国的战略选择 [J]. 自然灾害学报，2006，15 (1): 29-37.

[297] 张美杰. 近 60a 内蒙古干旱动态分析 [D]. 呼和浩特：内蒙古师范大学，2012.

[298] 张伟科，刘玉杰，封志明，等. 内蒙古天然草地生产潜力及其限制性研究 [J]. 草地学报，2008，16 (6): 572-579.

[299] 张新时，高琼. 中国东北样带的梯度分析及其预测 [J]. 植物学报：英文版，1997，39 (9): 785-799.

[300] 钟华平，樊江文，于贵瑞，等. 草地生态系统碳蓄积的研究进展 [J]. 草业科学，2005，22 (1): 4-11.

[301] 周广胜，王玉辉. 中国东北检样带草原植物群落初级生产力对水分变化的响应 [C]. 草业与西部大开发——草业与西部大开发学术研讨会暨中国草原学会 2000 年学术年会论文集，2000.

[302] 董蕾，李吉跃. 植物干旱胁迫下水分代谢、碳饥饿与死亡机理 [J]. 生态学报，2013 (18): 38-44.